数学

MATHEMATICS

学

合格への最短完成

高校入試

対策

問題集

E 栄光ゼミナール監修

特長と使い方

---

1 **出やすい順×栄光ゼミナールの監修×思考力問題対応**

　この本は，全国の公立高校入試問題の分析や栄光ゼミナールの知見をもとに，各分野のテーマを，出やすい・押さえておきたい順に並べた問題集です。

　さらに，近年の公立高校入試で出題が増えている"思考力問題"を掲載しており，「すばやく入試対策ができる」＝「最短で完成する問題集」です。

2 **「栄光の視点」の3つのコーナーで，塾のワザを"盗む"**

💡 **この単元を最速で伸ばすオキテ**

　学習にあたって、まず心掛けるべきことを伝授します。「ここに気をつければ伸びる」視点が身につきます。

📘 **覚えておくべきポイント**

　入試突破のために押さえたい知識・視点を復習します。考え方やテクニックも解説しているので，よく読んでおきましょう。

💣 **先輩たちのドボン**

　過去の受験生たちの失敗パターンを掲載しています。塾の講師が伝えたい「ありがちなミス」を防ぐことにつなげます。

※「要点」では，覚えておきたい知識を確認します。「オキテ」「ポイント」「ドボン」「要点」は，科目・テーマによって有無に違いがある場合があります。

3 **「問題演習」で，定番問題から新傾向の思考力問題まで対策**

「問題演習」の問題には，次のようなマークがついています。

✔ 必ず得点 ……正答率が高いなど，絶対に落とせない問題です。

🖊 よくでる ……出題されやすい問題です。確実に解けるようにしておきましょう。

➕ 差がつく ……間違えるライバルが多いものの，入試で出やすい問題です。この問題ができれば，ライバルに差をつけられます。

🔔 思考力 ……初見の資料を読み込ませるなど，「覚えているだけ」ではなく「自分の頭で考えて解く」ことが求められる問題です。この問題が解ければ，試験本番で未知の問題に遭遇しても怖くなくなるでしょう。

　最後に，巻末の「実戦模試」に取り組んで，入試対策を仕上げましょう。

PART 1

数と式

1 正負の数の計算

栄光の視点

💡 この単元を最速で伸ばすオキテ

🔁 加減乗除の混じった計算がねらわれやすい。計算の順序に気をつける。特に，符号や累乗の計算でのミスに注意したい。

🔁 絶対値を正確に理解しておく。0が正の数でも負の数でもないことを理解する。

📖 覚えておくべきポイント

🔁 加法・減法は共通の符号を見つけること，符号をそろえることが重要

- 同符号の2数の和 　例 $(-5) + (-4) = -(5+4) = -9$

  共通の符号／絶対値の和

- 異符号の2数の和 　例 $(-5) + (+4) = -(5-4) = -1$

  絶対値の大きい方の符号／絶対値の差

- 減法 　例 $(-5) - (-4) = (-5) + (+4) = -1$

  減法を加法にする／符号を変える

🔁 乗法・除法は絶対値の積，絶対値の商に符号をつける（符号に注意する）

- 同符号の2数の積・商 　例 $(-10) \times (-5) = +50 = 50$ 　 $(-10) \div (-5) = +2 = 2$

  つねに「+」となる／「+」は省略／絶対値の積 　 つねに「+」となる／「+」は省略／絶対値の商

- 異符号の2数の積・商 　例 $(+10) \times (-5) = -50$ 　 $(+10) \div (-5) = -2$

  つねに「−」となる／絶対値の積 　 つねに「−」となる／絶対値の商

🔁 累乗とは，同じ数をいくつかかけ合わせたもの

　例 $2^{③} = 2 \times 2 \times 2$

　指数／2を3回かけ合わせる

🔁 四則演算の順序は，次の①〜④の順

- ①累乗 　例 $10 - 2^2 \times (9-4) = 10 - 4 \times (9-4)$ …①
- ②かっこの中 　　　　　　 $= 10 - 4 \times 5$ …②
- ③乗法・除法 　　　　　　 $= 10 - 20$ …③
- ④加法・減法 　　　　　　 $= -10$ …④

先輩たちのドボン

⮌ **正答率がほぼ100%の問題で，失点。致命傷になった**

この単元は正答率が高い。誰もが正解する問題でミスをしてしまうと，その分，難しい問題か他の科目で挽回しなければならなくなってしまう。

問題演習

1 次の計算をしなさい。

✔ 必ず得点

(1) $0 - 5$ 〈長野県〉　　(2) $13 + (-8)$ 〈山梨県〉

〔　　　　　〕　　　　〔　　　　　〕

(3) $2 - (-5)$ 〈大阪府〉　　(4) $(-7) + (-13)$ 〈神奈川県・改〉

〔　　　　　〕　　　　〔　　　　　〕

(5) $-\dfrac{3}{5} + \dfrac{3}{7}$ 〈神奈川県・改〉　　(6) $\dfrac{1}{6} - \dfrac{2}{3}$ 〈福島県〉

〔　　　　　〕　　　　〔　　　　　〕

(7) $\dfrac{1}{3} - \left(-\dfrac{1}{4}\right)$ 〈沖縄県〉　　(8) $-7 - (-4) + 1$ 〈高知県〉

〔　　　　　〕　　　　〔　　　　　〕

2 次の計算をしなさい。

✔ 必ず得点

(1) $3 \times (-9)$ 〈北海道〉　　(2) $12 \times \left(-\dfrac{3}{8}\right)$ 〈佐賀県〉

〔　　　　　〕　　　　〔　　　　　〕

(3) $-\dfrac{2}{3} \times \dfrac{9}{8}$ 〈宮崎県〉　　(4) $\left(-\dfrac{3}{10}\right) \times \left(-\dfrac{5}{4}\right)$ 〈福島県〉

〔　　　　　〕　　　　〔　　　　　〕

(5) $5 \times (-2.4)$ 〈愛媛県〉　　(6) -1.8×4 〈大阪府〉

〔　　　　　〕　　　　〔　　　　　〕

(7) $(-20) \div 4$ 〈三重県〉　　(8) $\dfrac{3}{4} \div \left(-\dfrac{9}{2}\right)$ 〈鳥取県〉

〔　　　　　〕　　　　〔　　　　　〕

3 次の計算をしなさい。

✔ 必ず得点

(1) $4 - 5 \times 3$ 〈秋田県〉

(2) $5 - 3 \times (-2)$ 〈福井県〉

[　　　　　] [　　　　　]

(3) $(-7) \div (-5) \times 10$ 〈宮城県〉

(4) $11 + 2 \times (-7)$ 〈福岡県〉

[　　　　　] [　　　　　]

(5) $-15 + 9 \div (-3)$ 〈熊本県〉

(6) $12 + 6 \div (-2)$ 〈富山県〉

[　　　　　] [　　　　　]

(7) $-8 \div (-4) - 1$ 〈埼玉県〉

(8) $6 - (-24) \div 6$ 〈愛知県〉

[　　　　　] [　　　　　]

4 次の計算をしなさい。

✔ 必ず得点

(1) $5 + \dfrac{1}{2} \times (-8)$ 〈東京都〉

(2) $(-12) \times \dfrac{1}{9} + \dfrac{5}{3}$ 〈山梨県〉

[　　　　　] [　　　　　]

(3) $\dfrac{1}{2} + 2 \div \left(-\dfrac{4}{5}\right)$ 〈和歌山県〉

(4) $\dfrac{9}{5} \div 0.8 - \dfrac{1}{2}$ 〈鹿児島県〉

[　　　　　] [　　　　　]

(5) $\dfrac{1}{3} - \dfrac{5}{6} \div \dfrac{7}{4}$ 〈山形県〉

(6) $4 + 2 \div \left(-\dfrac{3}{2}\right)$ 〈和歌山県〉

[　　　　　] [　　　　　]

(7) $\dfrac{7}{5} \div \left(-\dfrac{7}{4}\right) + \dfrac{9}{5}$ 〈茨城県〉

(8) $\dfrac{1}{8} - \left(-\dfrac{3}{10}\right) \div \dfrac{6}{5}$ 〈茨城県〉

[　　　　　] [　　　　　]

5 次の計算をしなさい。

✔ 必ず得点

(1) $10 + (6 - 9) \times 5$ 〈熊本県〉

[ ]

(2) $7 - (-5 + 3)$ 〈秋田県〉

[ ]

(3) $1 - (4 - 6)$ 〈山形県〉

[ ]

(4) $\left(\dfrac{2}{3} - \dfrac{3}{4}\right) \div \dfrac{1}{3}$ 〈山形県〉

[ ]

(5) $2 + 3 \times (1 - 4)$ 〈愛知県〉

[ ]

(6) $-20 \div 5 - (3 - 5)$ 〈秋田県〉

[ ]

(7) $-3 \times (5 - 7)$ 〈秋田県〉

[ ]

(8) $-9 + (-5) \times (1 - 4)$ 〈高知県〉

[ ]

6 次の計算をしなさい。

✔ 必ず得点

(1) $-18 \div 3^2$ 〈三重県〉

[ ]

(2) $\dfrac{2}{3} \times (-6)^2$ 〈長野県〉

[ ]

(3) $7 + 2 \times (-3^2)$ 〈青森県〉

[ ]

(4) $4^2 - (-7) \times 2$ 〈宮崎県〉

[ ]

(5) $6 - (-2)^2 \div \dfrac{4}{9}$ 〈千葉県〉

[ ]

(6) $2 \times (-3)^2 + 10$ 〈石川県〉

[ ]

(7) $\{5 - (-2^2)\} \div \left(\dfrac{3}{4}\right)^2$ 〈京都府〉

(8) $-3^2 \div 2^3 - (-2)^3 \div 3^2$

〈都立新宿高〉

[ ]

[ ]

2 平方根

栄光の視点

 この単元を最速で伸ばすオキテ

- 平方根の加減と乗除での計算の違いに注意。計算の順序は数の計算と変わらない。
- 分母の有理化の意味と仕方を正確に理解しておく。分母の$\sqrt{}$をなくすことが目的であることを理解する。
- 計算の方法さえ理解しておけば，必ず得点できる。自信を持とう。

覚えておくべきポイント

- $\sqrt{}$の中はできるだけ簡単にする。$\sqrt{}$の中に（自然数）^{2}［平方数］を見つける

  例 素因数分解をして，平方数を見つけ，$\sqrt{}$の外に出す。
  - $\sqrt{9} = \sqrt{3^2} = 3$
  - $\sqrt{12} = \sqrt{2^2 \times 3} = 2\sqrt{3}$

- $\sqrt{}$の中の数が同じものは，$\sqrt{}$の係数の和や差で，たし算・ひき算ができる

  例 $2\sqrt{3}$ … $\sqrt{3}$の前の2を係数と考える。
  - $2\sqrt{3} + 5\sqrt{3} = (2+5)\sqrt{3} = 7\sqrt{3}$
  - $2\sqrt{3} - 5\sqrt{3} = (2-5)\sqrt{3} = -3\sqrt{3}$ ←係数だけの和と差を計算

- $\sqrt{}$の積と商…係数は係数どうし，$\sqrt{}$の中の数どうしで，かけ算・割り算をする

  例 $2\sqrt{3} \times 3\sqrt{5} = (2 \times 3)\sqrt{3 \times 5} = 6\sqrt{15}$

  $$8\sqrt{6} \div 4\sqrt{2} = \frac{8\sqrt{6}}{4\sqrt{2}} = 2\sqrt{\frac{6}{2}} = 2\sqrt{3}$$

- 分母の有理化…分母・分子に分母と同じ$\sqrt{}$をかけて，分母を整数にする

  例 $\dfrac{\sqrt{3}}{\sqrt{5}} = \dfrac{\sqrt{3} \times \sqrt{5}}{\sqrt{5} \times \sqrt{5}} = \dfrac{\sqrt{15}}{5}$ ←分母が有理数（整数）になる

- 分配法則や乗法公式を利用して計算する
  - $(\sqrt{2} + \sqrt{3})^2 = (\sqrt{2})^2 + 2 \times \sqrt{2} \times \sqrt{3} + (\sqrt{3})^2 = 5 + 2\sqrt{6}$ ←$(a+b)^2 = a^2 + 2ab + b^2$
  - $\dfrac{\sqrt{2} + \sqrt{3}}{5} = \dfrac{1}{5}(\sqrt{2} + \sqrt{3}) = \dfrac{1}{5}\sqrt{2} + \dfrac{1}{5}\sqrt{3}$ ←分数式はこのように分けて和や差を計算

先輩たちのドボン

↪ **平方根の計算を，ていねいに行わなかったので，貴重な得点源を失った**

平方根を簡単にすることが最初のポイント。これに失敗すると，同類項が計算できなくなって，計算のやり残しとなる。問題が $\sqrt{8}$ と出たら，答えは必ず $2\sqrt{2}$ と答えなければいけない。分母を有理化したときは特に気をつけよう。

問題演習

1 次の計算をしなさい。

✔必ず得点

(1) $\sqrt{2} + \sqrt{18}$ 〈栃木県〉

(2) $\sqrt{50} - \sqrt{72}$ 〈富山県〉

[　　　　　] [　　　　　]

(3) $6\sqrt{2} - \sqrt{8}$ 〈北海道〉

(4) $\sqrt{5} + \sqrt{20}$ 〈沖縄県〉

[　　　　　] [　　　　　]

(5) $6\sqrt{3} + \sqrt{27}$ 〈長崎県〉

(6) $\sqrt{48} - \sqrt{3}$ 〈福島県〉

[　　　　　] [　　　　　]

(7) $\sqrt{32} - \sqrt{18} + \sqrt{2}$ 〈和歌山県〉

(8) $\sqrt{8} + \sqrt{18} - 6\sqrt{2}$ 〈新潟県〉

[　　　　　] [　　　　　]

2 次の計算をしなさい。

✔必ず得点

(1) $\sqrt{48} \div \sqrt{2} \div (-\sqrt{3})$ 〈福井県〉

(2) $\sqrt{6}\left(\sqrt{8} + \dfrac{1}{\sqrt{2}}\right)$ 〈青森県〉

[　　　　　] [　　　　　]

(3) $\sqrt{6}(\sqrt{6} - 7) - \sqrt{24}$ 〈静岡県〉

(4) $4\sqrt{3} \div \sqrt{2} + \sqrt{54}$ 〈高知県〉

[　　　　　] [　　　　　]

(5) $\sqrt{5} \times \sqrt{10} - \sqrt{8}$ 〈新潟県〉

(6) $5\sqrt{2} + \sqrt{6} \div \sqrt{3}$ 〈山梨県〉

[　　　　　] [　　　　　]

(7) $\sqrt{18} + 2\sqrt{6} \div \sqrt{3}$ 〈石川県〉

(8) $\sqrt{60} \div \sqrt{5} + \sqrt{27}$ 〈鹿児島県〉

[　　　　　] [　　　　　]

3 次の計算をしなさい。

(1) $\dfrac{9}{\sqrt{3}} + \sqrt{12}$ 〈富山県〉

〔　　　　　〕

(2) $\dfrac{10}{\sqrt{2}} + \sqrt{18}$ 〈長野県〉

〔　　　　　〕

(3) $\dfrac{12}{\sqrt{6}} - \sqrt{96}$ 〈福岡県〉

〔　　　　　〕

(4) $\dfrac{10}{\sqrt{5}} - \sqrt{45}$ 〈埼玉県〉

〔　　　　　〕

(5) $\dfrac{\sqrt{75}}{3} + \sqrt{\dfrac{16}{3}}$ 〈熊本県〉

〔　　　　　〕

(6) $\sqrt{27} + \dfrac{12}{\sqrt{3}}$ 〈滋賀県〉

〔　　　　　〕

(7) $\dfrac{18}{\sqrt{2}} - \sqrt{98}$ 〈神奈川県・改〉

〔　　　　　〕

(8) $\dfrac{3}{\sqrt{5}} + \dfrac{\sqrt{20}}{5}$ 〈愛知県〉

〔　　　　　〕

4 次の計算をしなさい。

(1) $\sqrt{63} + \dfrac{2}{\sqrt{7}} - \sqrt{28}$ 〈京都府〉

〔　　　　　〕

(2) $\dfrac{12}{\sqrt{2}} + \sqrt{6} \times \sqrt{3}$ 〈高知県〉

〔　　　　　〕

(3) $\dfrac{14}{\sqrt{7}} + \sqrt{3} \times \sqrt{21}$ 〈茨城県〉

〔　　　　　〕

(4) $\dfrac{8}{\sqrt{2}} + 3\sqrt{6} \div \sqrt{3}$ 〈茨城県〉

〔　　　　　〕

(5) $\sqrt{8} \times \sqrt{3} - \dfrac{2}{\sqrt{6}}$ 〈高知県〉

〔　　　　　〕

(6) $\sqrt{2} - \sqrt{8} + \dfrac{16}{\sqrt{2}}$ 〈青森県〉

〔　　　　　〕

(7) $\sqrt{3} + \sqrt{27} - \dfrac{6}{\sqrt{3}}$ 〈福井県〉

〔　　　　　〕

(8) $\sqrt{6} \times \sqrt{3} + \dfrac{4}{\sqrt{2}}$ 〈大分県〉

〔　　　　　〕

5 次の計算をしなさい。

🌱 よくでる

(1) $(\sqrt{5}+1)^2$ 〈岩手県〉

(2) $(\sqrt{2}-1)^2$ 〈宮崎県〉

[   ]   [   ]

(3) $(\sqrt{3}-\sqrt{2})^2$ 〈岐阜県〉

(4) $(\sqrt{3}+4)(\sqrt{3}-1)$ 〈長野県〉

[   ]   [   ]

(5) $(6+\sqrt{2})(1-\sqrt{2})$

〈東京都〉

(6) $(\sqrt{5}-\sqrt{3})(\sqrt{5}+\sqrt{3})$

〈宮城県〉

[   ]   [   ]

(7) $(\sqrt{7}+2\sqrt{3})(\sqrt{7}-2\sqrt{3})$

〈東京都〉

(8) $(\sqrt{3}+1)^2-2(\sqrt{3}+1)$

〈愛知県〉

[   ]   [   ]

6 次の計算をしなさい。

🌱 よくでる

(1) $(3-\sqrt{5})^2-\dfrac{10}{\sqrt{5}}$ 〈京都府〉

[   ]

(2) $(\sqrt{5}+2)(\sqrt{5}-7)-\dfrac{5}{\sqrt{5}}$ 〈三重県〉

[   ]

(3) $(\sqrt{3}-1)^2+\sqrt{48}-\dfrac{9}{\sqrt{3}}$ 〈長崎県〉

[   ]

(4) $\dfrac{(3\sqrt{2}-\sqrt{6})^2}{2}-\dfrac{2-6\sqrt{6}}{\sqrt{2}}$ 〈都立国立高〉

[   ]

3 式の計算

栄光の視点

この単元を最速で伸ばすオキテ

- 同類項を正しく理解し，発見することが大事である。計算の順序に気をつける。特に，符号や累乗の計算でのミスに注意したい。
- 累乗の計算では，指数の公式を正確に理解しておくと，かけ算，割り算のときに役に立つ。あとは，ていねいに数えるだけでよい。
- 文字は正確に書こう。1 と ℓ（エル），6 と b（ビー）などはっきり区別できるように書く。

覚えておくべきポイント

- **文字式の決まり**
  - 例　$-4 \times a \times b \times b \times c = -4ab^2c$　←-4は係数という
  - ・ab^2c は文字部分。文字はアルファベット順に書き，×の記号は省略，累乗は指数で表す。
  - ・$12 \div x = \dfrac{12}{x}$，$12 \div xy = \dfrac{12}{xy}$　←xyはひとかたまりとして扱う

    割り算（÷の記号）は，分数の形で表す。＋，－はそのままでよい。
- **同類項（文字部分が同じ項）どうしで足し算，引き算を行う**
  - 例　$2xy + 4xy^2 - 3xy + xy^2 = (2-3)xy + (4+1)xy^2 = -xy + 5xy^2$
- **単項式と多項式**
  - ・項とは，係数と文字の積（または商）だけでできた式のこと。
  - ・単項式は，項が1つの式。多項式は単項式が＋，－で複数つながった式。
- **（　）のある式や分子が多項式の式は，分配法則を使って（　）をはずす**
  - ・$a(b+c) = a \times b + a \times c = ab + ac$
  - ・$\dfrac{2a+b}{5} = \dfrac{1}{5}(2a+b) = \dfrac{2a}{5} + \dfrac{b}{5}$　←分数の式はこうして，分解できる

先輩たちのドボン

- **復習をおこたって，同じ間違いをくり返してしまった**
  符号の間違いをくり返す人は多い。$-(-\square + \triangle)$ などで，$\square$ の前の符号を忘れたりしないように注意。大事な得点を凡ミスで失わないようにしよう。

問題演習

1 次の計算をしなさい。

(1) $2(2x-7y)-3(x-3y)$ 〈宮城県〉

[　　　　　　　　]

(2) $7x-11-(-7x-5)$ 〈鳥取県〉

[　　　　　　　　]

(3) $4(2a-3b)-(a+2b)$ 〈福岡県〉

[　　　　　　　　]

(4) $4(x+2y)-(6x+9y)$ 〈滋賀県〉

[　　　　　　　　]

(5) $2(2a-b)+3(-a+2b)$ 〈宮崎県〉

[　　　　　　　　]

(6) $-3(a-2)+2(3a-1)$ 〈岩手県〉

[　　　　　　　　]

(7) $4(a-b)-(a-9b)$ 〈東京都〉

[　　　　　　　　]

(8) $2(5a-3b)-7(a-2b)$ 〈大阪府〉

[　　　　　　　　]

(9) $5(a-b)-2(2a-3b)$ 〈福井県〉

[　　　　　　　　]

(10) $3(x+5y)-2(7x-6y)$ 〈京都府〉

[　　　　　　　　]

(11) $-2(a-4)+5(a-3)$ 〈和歌山県〉

[　　　　　　　　]

(12) $-4(3x-5)+(6-2x)$ 〈佐賀県〉

[　　　　　　　　]

(13) $2(5a+b)-3(3a-2b)$ 〈大分県〉

[　　　　　　　　]

(14) $3(3a+4b)-2(4a-b)$ 〈新潟県〉

[　　　　　　　　]

(15) $(8a-2b)-(3a-2b)$ 〈秋田県〉

[　　　　　　　　]

2 次の計算をしなさい。

✔ 必ず得点

(1) $\dfrac{1}{4}a - \dfrac{5}{6}a + a$ 〈滋賀県〉

(2) $a - \dfrac{a-3}{2}$ 〈群馬県〉

〔　　　　　〕　　　　　〔　　　　　〕

(3) $\dfrac{2}{3}(5a - 3b) - 3a + 4b$ 〈千葉県〉

(4) $\dfrac{2a-b}{3} - \dfrac{a-b}{4}$ 〈石川県〉

〔　　　　　〕　　　　　〔　　　　　〕

(5) $\dfrac{7x+y}{6} - \dfrac{x+y}{3}$ 〈山梨県〉

(6) $2x - y - \dfrac{x-y}{5}$ 〈長野県〉

〔　　　　　〕　　　　　〔　　　　　〕

(7) $\dfrac{5x+7y}{2} + x - 4y$ 〈熊本県〉

(8) $\dfrac{6x+y}{4} - \dfrac{x-7y}{2}$ 〈青森県〉

〔　　　　　〕　　　　　〔　　　　　〕

3 次の計算をしなさい。

✔ 必ず得点

(1) $5xy^2 \times 8xy$ 〈山梨県〉

(2) $\dfrac{1}{4}xy^3 \times 8y$ 〈栃木県〉

〔　　　　　〕　　　　　〔　　　　　〕

(3) $12ab \times \dfrac{2}{3}a$ 〈岡山県〉

(4) $\dfrac{8}{3}a^3b^2 \div \dfrac{2}{9}ab^2$ 〈石川県〉

〔　　　　　〕　　　　　〔　　　　　〕

(5) $12ab \div \dfrac{3}{4}b$ 〈岐阜県〉

(6) $6x^2y \div 2xy$ 〈群馬県〉

〔　　　　　〕　　　　　〔　　　　　〕

(7) $32ab^2 \div (-4b)$ 〈神奈川県・改〉

(8) $12x^3 \div 2x^2$ 〈大阪府〉

〔　　　　　〕　　　　　〔　　　　　〕

4 次の計算をしなさい。

よくでる

(1) $3x^2 \div (-y^2) \times 2xy^2$ 〈埼玉県〉

(2) $12a^3b \div (-2a)^2 \times b$ 〈鳥取県〉

[   ]   [   ]

(3) $6x^4 \div (-3x^2) \div 3x$ 〈福島県〉

(4) $-3a^2 \times (-2b)^2 \div 6ab$ 〈山形県〉

[   ]   [   ]

(5) $(-5a)^2 \times 8b \div 10ab$ 〈静岡県〉

(6) $14x^2y \div (-7y)^2 \times 28xy$ 〈滋賀県〉

[   ]   [   ]

(7) $\dfrac{4}{3}ab^2 \div 2b \times (-3a)$ 〈秋田県〉

[   ]

5 次の計算をしなさい。

よくでる

(1) $(24a - 20b) \div 4$ 〈福島県〉

(2) $(54ab + 24b^2) \div 6b$ 〈静岡県〉

[   ]   [   ]

(3) $(12a^2 + 9a) \div 3a$ 〈香川県〉

(4) $(9a^2b - 15a^3b) \div 3ab$ 〈滋賀県〉

[   ]   [   ]

(5) $(9a^2 - 6a) \div 3a$ 〈沖縄県〉

(6) $(8x^2 - 12xy) \div 4x$ 〈山口県〉

[   ]   [   ]

(7) $(-8ab + 12b^2) \div 2b$ 〈山形県〉

(8) $(a^2b - 3ab^2) \div ab$ 〈富山県〉

[   ]   [   ]

4 数と式の利用

栄光の視点

 この単元を最速で伸ばすオキテ

🔄 問題を解くための基本的な考え方や公式がある。知らないと，間違いやすくなる。

🔄 約数，倍数，最大公約数，最小公倍数，それらの関係を正確に理解しておく。あわせて，素因数分解もできるようにしておこう。

📖 **覚えておくべきポイント**

🔄 **求値問題**…式の文字に数値を代入して，式の値を求める問題。
   ・式を簡単にしてから，文字の値を代入する。
   ・負の値を代入するときは，（ ）をつけて代入するとよい。
   ・$\sqrt{}$ をふくむ計算では，乗法公式を利用することが多い。

🔄 **商と余り**
   ・商と余りを扱う問題では，次の式が基本になる。
   $A = BQ + R$ （A：割られる数，B：割る数，Q：商，R：余り （$0 \leq R < B$））

🔄 **$\sqrt{x}$ の整数部分を a，小数部分を b とするときの b の値**
   ・$\sqrt{x} = a + b$ だから，$b = \sqrt{x} - a$ （小数部分＝$\sqrt{}$－整数部分）
   例 $\sqrt{10}$ は，整数部分が 3 だから，小数部分は $\sqrt{10} - 3$ で表される。

🔄 **$\sqrt{}$ を整数にする問題では，$\sqrt{}$ の中の数を素因数分解して考える**
   ・$\sqrt{}$ の中の素因数の指数がすべて偶数になればよい。
   例 $\sqrt{12m}$ を最小の自然数にする m の値は，$12m = 2^2 \times 3 \times m$ だから，$m = 3$ とすれば，$12m = 2^2 \times 3^2 = 6^2$ より，$\sqrt{12m} = 6$ と整数になる。よって，$m = 3$

🔄 **証明問題では，何がいえれば証明になるか理解しておく**
   例 ・「偶数である」⇔「2×整数」で表されることをいう。
     ・「5 の倍数である」⇔「5×整数」で表されることをいう。

 先輩たちのドボン

🔄 **商と余り・$\sqrt{}$ の整数部分と小数部分 の問題では，基本の式を理解・暗記しておくとあわてないですむ**

自然数の末尾の 0 の数は，素因数 2 と 5 の組み合わせが何組あるかで決まる，というような柔軟な考え方をもっておくと，いざというときに助かる。

問題演習

1 次の問いに答えなさい。

よくでる

(1) $a = -3$ のとき，$2a^2$ の値を求めなさい。 〈北海道〉

〔　　　　　　　〕

(2) $x = 3$，$y = -2$ のとき，$4xy \times \dfrac{y^2}{2}$ の値を求めなさい。 〈長崎県〉

〔　　　　　　　〕

(3) $a = -3$，$b = \dfrac{1}{4}$ のとき，$\dfrac{1}{6}a^2b \times a^3b^2 \div \left(-\dfrac{1}{2}ab\right)^2$ の値を求めなさい。

〈大阪府〉

〔　　　　　　　〕

(4) $x = -\dfrac{1}{3}$，$y = \dfrac{3}{5}$ のとき，$5x - y - 2(x - 3y)$ の値を求めなさい。〈長野県〉

〔　　　　　　　〕

(5) $x = -\dfrac{1}{5}$，$y = 3$ のとき，$3(2x - 3y) - (x - 8y)$ の値を求めなさい。

〈福島県〉

〔　　　　　　　〕

(6) $a = 3$，$b = -\dfrac{1}{2}$ のとき，$(a^2b + 2b^2) \div b$ の値を求めなさい。 〈宮城県〉

〔　　　　　　　〕

(7) $a = \dfrac{1}{8}$ のとき，$(2a - 5)^2 - 4a(a - 3)$ の式の値を求めなさい。 〈静岡県〉

〔　　　　　　　〕

(8) $x = \sqrt{3} + 1$，$y = \sqrt{3} - 1$ のとき，$xy + x$ の値を求めなさい。 〈青森県〉

〔　　　　　　　〕

(9) $x = \sqrt{3} + \sqrt{2}$，$y = \sqrt{3} - \sqrt{2}$ のとき，$\dfrac{y}{x} - \dfrac{x}{y}$ の値を求めなさい。

〈埼玉県〉

〔　　　　　　　〕

(10) $a = \dfrac{1}{7}$，$b = 19$ のとき，$ab^2 - 81a$ の式の値を求めなさい。 〈静岡県〉

〔　　　　　　　〕

2 次の問いに答えなさい。

よくでる

(1) 自然数 a を自然数 b で割ると，商が2で余りが3となった。このとき，a を b を使った式で表しなさい。　　　　　　　　　　　　　〈山口県〉

〔　　　　　　　　　〕

(2) 次の数量の関係を等式に表しなさい。

a 本の鉛筆を，5本ずつ b 人に配ると3本余る。　　　　〈青森県〉

〔　　　　　　　　　〕

(3) 1個 a g の品物8個を，b g の箱に入れたときの全体の重さは500g未満であった。この数量の関係を不等式で表しなさい。　　〈茨城県〉

〔　　　　　　　　　〕

(4) a cm のテープから10cmのテープを x 本切り取ったら，7cm残りました。

このときの数量の間の関係を，等式で表しなさい。　　〈岩手県〉

〔　　　　　　　　　〕

(5) x の2倍に5を加えた数は，y より大きい。この数量の間の関係を不等式で表しなさい。　　　　　　　　　　　　　　　　　〈沖縄県〉

〔　　　　　　　　　〕

(6) 1500mの道のりを毎分 x m の速さで歩くとき，出発してから到着するまでにかかる時間を y 分とします。y を x の式で表しなさい。　〈埼玉県〉

〔　　　　　　　　　〕

(7) 360L で満水になる水槽がある。この水槽に，空の状態から毎分 x L の割合で水を入れ続けるとき，満水になるまでに y 時間かかるとする。y を x の式で表しなさい。　　　　　　　　　　　　　〈静岡県〉

〔　　　　　　　　　〕

(8) 1本 a 円の鉛筆3本と1冊 b 円のノート5冊の代金の合計は，500円より高い。これらの数量の関係を不等式で表しなさい。　　〈富山県〉

〔　　　　　　　　　〕

3 次の問いに答えなさい。

🖐よくでる

(1) 平方根について述べた次の文のうち，内容が正しいものはどれですか。
次のア～エからすべて選び，その記号を書きなさい。　　　　　〈高知県〉

　　ア　64の平方根は±8である。

　　イ　$\sqrt{25} - \sqrt{16}$ は3である。

　　ウ　$\sqrt{(-7)^2}$ は7である。

　　エ　$\sqrt{3}$ を2倍したものは $\sqrt{6}$ である。

　　　　　　　　　　　　　　　　　　　　　　　〔　　　　　　　　〕

(2) 90を素因数分解しなさい。　　　　　　　　　　　　　　　〈島根県〉

　　　　　　　　　　　　　　　　　　　　　　　〔　　　　　　　　〕

(3) $\sqrt{60n}$ の値が整数となるような自然数 n のうち，最も小さいものを求めなさい。　　　　　　　　　　　　　　　　　　　　　　〈和歌山県〉

　　　　　　　　　　　　　　　　　　　　　　　〔　　　　　　　　〕

(4) n は自然数で，$\sqrt{24n}$ がある自然数になる。このような n のうちで最も小さいものを求めなさい。　　　　　　　　　　　　　　〈愛知県〉

　　　　　　　　　　　　　　　　　　　　　　　〔　　　　　　　　〕

(5) $\sqrt{306-3n}$ が自然数となるような整数 n のうち，最も大きい値を求めなさい。　　　　　　　　　　　　　　　　　　　　　　〈秋田県〉

　　　　　　　　　　　　　　　　　　　　　　　〔　　　　　　　　〕

(6) ある自然数を4で割ると3余り，5で割ると4余り，6で割ると5余ります。このような自然数のうち，最も小さい数を求めなさい。　〈埼玉県〉

　　　　　　　　　　　　　　　　　　　　　　　〔　　　　　　　　〕

(7) 2020に300以下の3桁の自然数 n を加えた数は，123で割り切れた。n の値を求めなさい。　　　　　　　　　　　　　　　〈都立青山高〉

　　　　　　　　　　　　　　　　　　　　　　　〔　　　　　　　　〕

(8) A は2桁の自然数であり，十の位の数は一の位の数より大きく，一の位の数は0でない。

　　A の十の位の数と一の位の数を入れかえた2桁の自然数を B とする。$\sqrt{A-B+9}$ が整数となるような自然数 A の個数を求めなさい。

　　　　　　　　　　　　　　　　　　　　　　　　　　〈都立日比谷高〉

　　　　　　　　　　　　　　　　　　　　　　　〔　　　　　　　　〕

4 次の問いに答えなさい。

(1) n を整数とするとき，次のア〜エの式のうち，その値がつねに奇数に
なるものはどれですか。1つ選びなさい。　　　　　　　　　　　　〈大阪府〉

　ア　$n+1$　　　　イ　$2n$　　　ウ　$2n+1$　　　エ　n^2

〔　　　　　　　　　〕

よくでる (2) $5<\sqrt{a}<6$ を満たす自然数 a は何個ありますか。　　　　　　〈奈良県〉

〔　　　　　　　　　〕

よくでる (3) $2.4<\sqrt{a}<3$ となる自然数 a を，すべて求めなさい。　　　　〈徳島県〉

〔　　　　　　　　　〕

(4) 次の文中の ☐ に入れるのに適している自然数を書きなさい。

　　$4.5^2=20.25$ であり，$4.6^2=21.16$ である。これらのことから，$\sqrt{21}$ を
小数で表したときの小数第1位の数は ☐ であることがわかる。

〈大阪府〉

〔　　　　　　　　　〕

(5) 1から9までの9つの自然数から異なる4つの数を選んで，その積を
求めると560になった。この4つの数を求めなさい。　　　　　　〈奈良県〉

〔　　　　　　　　　〕

必ず得点 (6) 3つの数 3.3，$\dfrac{10}{3}$，$\sqrt{11}$ のうち，最も大きい数はどれですか。　〈奈良県〉

〔　　　　　　　　　〕

(7) 理科の授業で月について調べたところ，月の直径は，3470kmである
ことがわかった。この直径は，一の位を四捨五入して得られた近似値で
ある。

　　月の直径の真の値を $a$km として，a の範囲を不等号を使って表しな
さい。また，月の直径を，四捨五入して有効数字2桁として，整数部分
が1桁の小数と10の累乗の積の形で表しなさい。　　　　　　　　〈静岡県〉

a の範囲〔　　　　　　　　　〕　月の直径〔　　　　　　　　　〕

5 次の文章は，連続する5つの自然数について述べたものである。文章中の
  A にあてはまる最も適当な式を書きなさい。また， a ， b ，
  c ， d にあてはまる自然数をそれぞれ書きなさい。　　〈愛知県〉

> 連続する5つの自然数のうち，最も小さい数をnとすると，最も大きい数は A と表される。
>
> このとき連続する5つの自然数の和は a （$n +$ b ）と表される。
>
> このことから，連続する5つの自然数の和は，小さい方から c 番目の数の d 倍となっていることがわかる。

A〔　　　　　〕　a〔　　　　　〕　b〔　　　　　〕

c〔　　　　　〕　d〔　　　　　〕

6 連続する3つの整数の和について，次の各問いに答えなさい。　　〈沖縄県〉

(1) 「連続する3つの整数の和は3の倍数になる」ことを次のように説明した。次の ① ～ ③ に最も適する式を入れなさい。

> 《説明》
> 連続する3つの整数のうち，最も小さい整数をnとすると，連続する3つの整数は小さい順に，n， ① ， ② と表される。
>
> これらの和は$n +$（ ① ）$+$（ ② ）$= 3$（ ③ ）であり，③ は整数であるから，3（ ③ ）は3の倍数である。
>
> したがって，連続する3つの整数の和は3の倍数になる。

①〔　　　　　〕　②〔　　　　　〕　③〔　　　　　〕

(2) (1)の説明の二重下線部から「連続する3つの整数の和は3の倍数になる」ことの他にわかることを，次のア～エの中から1つ選び，記号で答えなさい。

　ア　連続する3つの整数の和は，最も大きい整数を3倍した数になる。

　イ　連続する3つの整数の和は，最も小さい整数を3倍した数になる。

　ウ　連続する3つの整数の和は，中央の整数を3倍した数になる。

　エ　連続する3つの整数の和は，偶数になる。

〔　　　　　〕

(3) 連続する3つの整数の和が90になるとき，これら3つの整数を求めなさい。

〔　　　　　〕

5 因数分解

栄光の視点

 この単元を最速で伸ばすオキテ

⮩ 因数分解では，公式を暗記することが必須。あとは式を整理して，どの形にあてはまるかを見分ければよい。特に，項の符号には注意したい。

覚えておくべきポイント

⮩ **共通因数を見つけてくくる**

例　$12abc + 4bd = \underline{4} \times 3abc + \underline{4}bd = 4b(3ac + d)$　←共通因数は$4b$

⮩ **乗法公式を逆向きに使う**

　・$ax + bx + ay + by = (a+b)(x+y)$　　（分配法則）

　・$x^2 + 2ax + a^2 = (x+a)^2$

　・$x^2 - 2ax + a^2 = (x-a)^2$

　・$x^2 - a^2 = (x+a)(x-a)$

　・$x^2 + (a+b)x + ab = (x+a)(x+b)$

例　$x^2 + 6x + 9 = x^2 + 2 \times 3 \times x + 3^2 = (x+3)^2$

⮩ **同じ形の部分は，X，Y等の文字で置き換えると，見やすくなる**

例　$(a+2)^2 - (a+2) - 6$ を$X = a+2$とおいて，因数分解する。

　上式は　$X^2 - X - 6 = (X-3)(X+2) = (a+2-3)(a+2+2)$　←Xを元にもどす

$$= (a-1)(a+4)$$

⮩ **複雑な式では，一度かっこをはずして整理し直してから，上の公式を利用する**

例　$(2x-1)^2 - (3x+1)(x-3)$の因数分解

$$(2x-1)^2 - (3x+1)(x-3) = 4x^2 - 4x + 1 - (3x^2 - 9x + x - 3)$$
$$= 4x^2 - 4x + 1 - (3x^2 - 8x - 3)$$
$$= 4x^2 - 4x + 1 - 3x^2 + 8x + 3$$
$$= x^2 + 4x + 4$$
$$= (x+2)^2$$

 先輩たちのドボン

⮩ **因数分解の終わりに注意せず，答えを誤ってしまった**

問題が因数分解であることを確認しよう。せっかく因数分解した式を，また展開したりしないように。

問題演習

1 次の式を因数分解しなさい。

✓ 必ず得点

(1) $x^2 - 16$ 〈岩手県〉　　(2) $x^2 - 4y^2$ 〈福井県〉

[　　　　　]　　　　　[　　　　　]

(3) $x^2 + x - 6$ 〈富山県〉　　(4) $x^2 + 6x - 27$ 〈埼玉県〉

[　　　　　]　　　　　[　　　　　]

(5) $x^2 - 4x - 12$ 〈北海道〉　　(6) $x^2 - 2x - 15$ 〈三重県〉

[　　　　　]　　　　　[　　　　　]

(7) $x^2 - x - 30$ 〈三重県〉　　(8) $x^2 y - xy$ 〈徳島県〉

[　　　　　]　　　　　[　　　　　]

2 次の式を因数分解しなさい。

✓ 必ず得点

(1) $2x^2 - 8x - 10$ 〈香川県〉　　(2) $3x^2 + 9x - 12$ 〈鹿児島〉

[　　　　　]　　　　　[　　　　　]

(3) $ax^2 - 12ax + 27a$ 〈京都府〉　　(4) $6x^2 - 24$ 〈三重県〉

[　　　　　]　　　　　[　　　　　]

(5) $(x+5)(x-1) - 2x - 3$ 〈長野県〉　　(6) $(3x+1)^2 - 2(3x+25)$ 〈愛知県〉

[　　　　　]　　　　　[　　　　　]

(7) $(x+2)^2 + (x+2) - 12$ 〈熊本県〉　　(8) $(a-4)^2 + 4(a-4) - 12$ 〈群馬県〉

[　　　　　]　　　　　[　　　　　]

6 式の展開

栄光の視点

 この単元を最速で伸ばすオキテ

▷ 式の展開は，分配法則と乗法公式の暗記が基本。計算の際には，符号，係数，文字の種類に気をつける。公式を使った後は，かけ忘れた項がないか確認すべき。

▷ 複雑な式では，同類項のまとめ忘れをなくす。

覚えておくべきポイント

▷ **問題文で「計算しなさい。」とあったら，「かっこをはずし，同類項をまとめなさい。」ということ**

・展開とは，（　）を使った積の形の式を，（　）をはずして，単項式の和と差の形で表すこと。因数分解と逆の作業であり，間違って因数分解しないように。

▷ **分配法則を使って，（　）をはずす**

・$a(x+y) = ax + ay$

・$a(x-y) = ax - ay$

・$(a+b)(c+d) = ac + ad + bc + bd$

▷ **乗法公式を使って，（　）をはずす**

・$(x+a)^2 = x^2 + 2ax + a^2$

・$(x-a)^2 = x^2 - 2ax + a^2$

・$(x+a)(x-a) = x^2 - a^2$

・$(x+a)(x+b) = x^2 + (a+b)x + ab$

・$(x+y+z)^2 = x^2 + y^2 + z^2 + 2xy + 2yz + 2xz$

▷ **置き換えの方法を使う**

・同じ形の式の部分を，X，Y などの文字で置き換えると，分配法則が使いやすくなる。最後は必ず置き換える前の形にもどすこと。

例　$(a+b+c)(a+b-c) = (X+c)(X-c) = X^2 - c^2$ ←$a+b \Rightarrow X$とおく　　　Xを元にもどす
$$= (a+b)^2 - c^2 = a^2 + 2ab + b^2 - c^2$$

 先輩たちのドボン

▷ **正答率がほぼ 100% の問題で失点。致命傷になった**

特に注意したいのは，（　）をはずした後の符号である。＋（　），－（　）をはずした後など特に注意が必要となる。つねにチェックを入れる習慣を身につける。

問題演習

1 次の計算をしなさい。

✔ 必ず得点

(1) $(x+4)^2$ 〈栃木県〉

[ ]

(2) $(x+5)(x-3)$ 〈群馬県〉

[ ]

(3) $(x-5)(x-7)$ 〈栃木県〉

[ ]

(4) $(x+9)^2-(x-3)(x-7)$

〈神奈川県・改〉

[ ]

(5) $(x-4)^2-(x+2)(x+3)$

〈愛媛県〉

[ ]

(6) $(2x-7)(2x+7)+(x+4)^2$

〈京都府〉

[ ]

(7) $(x+y)(x-3y)+2xy$ 〈奈良県〉

[ ]

(8) $(a+2)(a-1)-(a-2)^2$

〈和歌山県〉

[ ]

(9) $(x+5)^2-(x+5)(x-3)$

〈青森県〉

[ ]

(10) $(2x+3)(x-1)-x(x+5)$

〈大阪府〉

[ ]

(11) $(2x-3)(x+2)-(x-2)(x+3)$

〈愛知県〉

[ ]

(12) $x(x+2y)-(x+3y)(x-3y)$

〈和歌山県〉

[ ]

(13) $(x-6)(x+2)-(x+3)(x-3)$

〈愛媛県〉

[ ]

(14) $(x+4)(x-4)-(x+2)(x-8)$

〈熊本県〉

[ ]

(15) $(x+4)(x+5)-(x+3)(x-3)$

〈奈良県〉

[ ]

(16) $(x+5)(x+9)-(x+6)^2$

〈神奈川県〉

[ ]

7 規則性

栄光の視点

💡 この単元を最速で伸ばすオキテ

⤵ 規則性の問題は，まず規則を見つけることである。図形がらみの問題が多いので，図を参考に数の変化を調べていく。できた式に，$n=3$ くらいまでは，値を代入して確認するとミスが減る。

⤵ 値の列を数列として考えると，一般式をつくりやすい場合がある。

📕 覚えておくべきポイント

⤵ 〈規則性〉問題の考え方

例1 右の図で上から10段目までの△の数を求める。

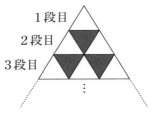

① 1，2，3，…と変化していく値を n で表す。

② $n=1$，2，3，…の場合を調べ，値の変化の規則性を調べる。

$$n=1 \quad 1 \text{（個）}$$
$$n=2 \quad 1+2=3 \text{（個）}$$
$$n=3 \quad 1+2+3=6 \text{（個）}$$
$$\vdots$$
$$n=n \quad 1+2+3+4+\cdots+n$$

③ 一般化して n 段目の場合の式をつくる。

n 段目では，

$$1+2+3+4+\cdots+n=n(n+1)\div2 \text{（個）}$$

④ 式に，与えられた n の値 $n=10$ を代入すると，

> ○1～nまでのn個の自然数の和
> ・$1+2+3+\cdots+n=n(n+1)\div2$
> ○1～$(2n-1)$までのn個の奇数の和
> ・$\underbrace{1+3+5+\cdots+(2n-1)}_{n個}=n^2$

$$n(n+1)\div2 \left(\text{または} \frac{n(n+1)}{2}\right)=10\times(10+1)\div2=55 \text{（個）}$$

例2 上の図で，△▼両方の三角形の10段目までの総数は，

$$1+3+5+7+9+11+13+15+17+19=10^2=100 \text{（個）}$$

先輩たちのドボン

規則性の問題で，図に驚いて難しく考えてしまった

規則性の問題で示される図形は複雑そうに見えるが，1つ1つに注目すると，単純なものが多いので，図に驚く必要はない。1番目から，じっくり見ていけば，式は単純なことが多い。ただ，1〜nまでの自然数の和などは，公式を覚えておく。

問題演習

1

思考力

右の図のように，自然数を規則的に書いていく。各行の左端の数は，2から始まり上から下へ順に2ずつ大きくなるようにする。さらに，2行目以降は左から右へ順に1ずつ大きくなるように，2行目には2個の自然数，3行目には3個の自然数，…と行の数と同じ個数の自然数を書いていく。

このとき，次の問に答えなさい。

1行目	2				
2行目	4	5			
3行目	6	7	8		
4行目	8	9	10	11	
5行目	10	11	12	13	14
⋮	⋮	⋮	⋮	⋮	⋮

〈富山県〉

(1) 7行目の左から4番目の数を求めなさい。

〔　　　　　　　〕

(2) n行目の右端の数をnで表しなさい。

〔　　　　　　　〕

(3) 31は何個あるか求めなさい。

〔　　　　　　　〕

2 100本のマッチ棒を使って右の図1のように，マッチ棒を並べて右方向にのみ正方形をつくっていくとき，正方形は何個つくることができるか求めなさい。例えば，右の図2のように9本のマッチ棒を使った場合，正方形は2個つくることができる。 〈鳥取県〉

思考力

図1

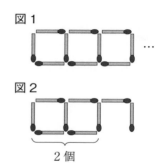

図2

2個

[　　　　　　　　]

3 下の図のように，1辺の長さが5cmの正方形の紙 n 枚を，重なる部分がそれぞれ縦5cm，横1cmの長方形となるように，1枚ずつ重ねて1列に並べた図形をつくる。

思考力

1cm

5cm

正方形の紙 n 枚を1枚ずつ重ねて1列に並べた図形

　正方形の紙 n 枚を1枚ずつ重ねて1列に並べた図形の面積を n を使って表しなさい。 〈三重県〉

[　　　　　　　　]

PART

2

$ax+b$
$=0$

方程式

1 2次方程式

栄光の視点

この単元を最速で伸ばすオキテ

- 因数分解で解くか，解の公式にするか素早く見極めることが大事。解の公式は絶対に暗記しておく。一生ものである。
- 解の公式では$\sqrt{}$の中が負になることは絶対ない（中学校の範囲なら）。負になったら，どこかが間違っていると思って見直すとよい。

覚えておくべきポイント

- **2次方程式は，ふつう（xの2次式）＝0の形で表される**
  - $x^2 = b$ → $x = \pm\sqrt{b}$
  - $(x-a)(x-b) = 0$ → $x = a,\ b$ 　注 $x+a = 0$ → $x = -a$
  - $(x-a)^2 = 0$ → $x = a$（解が1つの場合，**重解**という。）
  - 分母が$\sqrt{}$になったときは，必ず分母の有理化をしておく。
  - 因数分解で解ける問題で，解の公式を使ってはいけないということはない。悩むようなら，解の公式を使っても悪くはない。
  - 平方完成によって解く。両辺に適当な定数をたして，左辺を（　）^{2}の形にする。
    - 例 $x^2 + 6x + 4 = 0$ → $x^2 + 6x \underline{+ 3^2} + 4 = \underline{3^2}$ → $(x+3)^2 = 3^2 - 4 = 5$
    - → $x + 3 = \pm\sqrt{5}$ → $x = -3 \pm\sqrt{5}$
- **解の公式を使って解く。分母の$2a$の「2」や，分子の$-b$の「−」を忘れるな**
  - $ax^2 + bx + c = 0$ （$b^2 - 4ac \geqq 0$）の解は，$x = \dfrac{-b \pm\sqrt{b^2 - 4ac}}{2a}$
  - $\sqrt{}$の中が0のときは重解。平方数のときは$\sqrt{}$が整数になり因数分解できる。
- **複雑な2次方程式は，基本形 $ax^2 + bx + c = 0$ の形に整理して解く**
  - （　）をはずしたり，同類項をまとめたりして，基本形にし，公式にあてはめる。
  - 途中で，因数分解できそうだったら，因数分解で解いてよい。
  - 同じ形が複数回現れるときは「$A = \sim$」と**置き換えて**解くことも可（置換法）。

先輩たちのドボン

- **解の公式を覚えておらず，失点をくり返した**
  解の公式で，分子の$-b$の「−」を忘れたり，最後の約分をミスしないように。
  bの値が負のとき，$-b$は正になる。こうした凡ミスはなくしていきたい。

問題演習

1 次の方程式を解きなさい。

よくでる

(1)　$(x-3)(x+8)=0$　　〈北海道〉　　(2)　$x^2-9x=0$　　〈和歌山県〉

〔　　　　　　〕　　　　　　　　　〔　　　　　　〕

(3)　$x^2-x-20=0$　　〈宮城県〉　　(4)　$x^2-5x+6=0$　　〈秋田県〉

〔　　　　　　〕　　　　　　　　　〔　　　　　　〕

(5)　$x^2+12x+35=0$　　〈東京都〉　　(6)　$x^2-3x-4=0$　　〈兵庫県〉

〔　　　　　　〕　　　　　　　　　〔　　　　　　〕

2 次の方程式を解きなさい。

よくでる

(1)　$x^2+x-3=0$　　〈青森県〉　　(2)　$x^2-3x+1=0$　　〈佐賀県〉

〔　　　　　　〕　　　　　　　　　〔　　　　　　〕

(3)　$x^2-5x+3=0$　　〈沖縄県〉　　(4)　$x^2-8x-7=0$　　〈新潟県〉

〔　　　　　　〕　　　　　　　　　〔　　　　　　〕

(5)　$x^2+5x+3=0$　　〈宮城県〉　　(6)　$x^2+5x-4=0$　　〈島根県〉

〔　　　　　　〕　　　　　　　　　〔　　　　　　〕

(7)　$x^2-7x+2=0$　　〈佐賀県〉　　(8)　$x^2+6x+2=0$　　〈高知県〉

〔　　　　　　〕　　　　　　　　　〔　　　　　　〕

(9)　$x^2+2x-1=0$　　〈茨城県〉　　(10)　$x^2+5x+2=0$　　〈長崎県〉

〔　　　　　　〕　　　　　　　　　〔　　　　　　〕

3 次の方程式を解きなさい。

よくでる

(1) $2x^2 + 5x + 1 = 0$　　〈奈良県〉

(2) $2x^2 + x - 4 = 0$　　〈千葉県〉

[　　　　　　] [　　　　　　]

(3) $6x^2 - 2x - 1 = 0$　　〈神奈川県〉

(4) $3x^2 - 5x + 1 = 0$　　〈岩手県〉

[　　　　　　] [　　　　　　]

(5) $2x^2 - 3x - 1 = 0$　　〈埼玉県〉

(6) $3x^2 + 7x + 1 = 0$　　〈千葉県〉

[　　　　　　] [　　　　　　]

4 次の方程式を解きなさい。

(1) $(x+1)^2 = 3$　　〈静岡県〉

(2) $(x-4)^2 = 7$　　〈徳島県〉

[　　　　　　] [　　　　　　]

(3) $(x-5)(x+2) = -10$　　〈三重県〉

(4) $x(x+3) = 1$　　〈福井県〉

[　　　　　　] [　　　　　　]

(5) $x(x-1) = 3(x+4)$　　〈福岡県〉

(6) $2x^2 - 2x = 1 - 5x$　　〈長野県〉

[　　　　　　] [　　　　　　]

(7) $2x^2 + 4x - 7 = x^2 - 2$　　〈滋賀県〉

(8) $(x+4)(x-4) = -1$　　〈京都府〉

[　　　　　　] [　　　　　　]

(9) $(x-1)^2 - 2 = 0$　　〈石川県〉

(10) $2x^2 + x = 4x + 1$　　〈大分県〉

[　　　　　　] [　　　　　　]

5 次の方程式を解きなさい。

(1) $(x-6)(x+6)=20-x$ 〈静岡県〉

(2) $(x+6)(x-2)+2=7x$ 〈愛知県〉

〔   〕

〔   〕

(3) $(2x-1)(x+8)=7x+4$

〈山形県〉

(4) $(2x+1)(2x-1)=(x+5)(x+4)$

〈都立日比谷高〉

〔   〕

〔   〕

(5) $(x+3)(x-8)+4(x+5)=0$

〈愛知県〉

〔   〕

(6) $\dfrac{1}{4}(x+1)^2=\dfrac{1}{3}(x+1)(x-1)+\dfrac{1}{2}$

〈都立西高〉

〔   〕

(7) $2(x+3)(x-3)=(x-6)(x-5)+9x$

〈都立高併設〉

〔   〕

6 次の方程式を解きなさい。

(1) $3(x-1)^2-(x-1)-1=0$

〈埼玉県〉

(2) $(x+2)^2+(x+2)-3=0$

〈都立戸山高〉

〔   〕

〔   〕

(3) $(x+1)^2-4(x+1)+3=7$

〈都立高重点校〉

(4) $(x+4)^2-3(x+4)+2=1$

〈都立新宿高〉

〔   〕

〔   〕

2 連立方程式

栄光の視点

💡 この単元を最速で伸ばすオキテ

🔲 連立方程式の計算問題は，出題率が高い。確実に得点しておきたい。

🔲 加減法では，同類項が縦に並ぶように書き，同類項どうしの係数を加減する。下の式をひく場合には，符号の変化に気をつける。

📘 覚えておくべきポイント

🔲 **代入法…$x=\sim$（$y=\sim$）の式を他方の式に代入する**

例 $\begin{cases} x=y+3 \\ 2x-3y=7 \end{cases}$

$2(y+3)-3y=7, \quad -y=7-6=1, \quad y=-1, \quad x=-1+3=2$

・代入する式の部分は（$y+3$）のように，（　）をつけて代入する。

🔲 **加減法…x か y の係数をそろえて，辺々を加えたり，ひいたりする**

例 $\begin{cases} x-y=3 & \cdots① \\ 2x-3y=7 & \cdots② \end{cases}$

$\begin{array}{r} 2x-2y=6 \quad \cdots①\times2 \\ -)\ 2x-3y=7 \quad \cdots② \\ \hline 0x+\ y=-1 \end{array}$

$y=-1$ を①に代入して，$x=-1+3=2$

🔲 **1つの式で表されている（連立方程）式は，2つの式に組みかえて，解く**

例 $\underline{x-y=2x-3y-4=3x-2y-5}$

　　　↓①　　　　　　↓②

①と②を組み合わせて，$\begin{cases} x-y=2x-3y-4 & \cdots① \\ 2x-3y-4=3x-2y-5 & \cdots② \end{cases}$

の形の連立方程式に直して，解くことができる。（上の解は，$x=2, \ y=-1$）

💣 先輩たちのドボン

🔲 **分数や小数をふくむものでミスをしてしまった**

出題率が高く，正答率も高い。ミスできない単元。式を基本的な形にする段階でも，等式変形の要領が必要である。その復習もかねて，しっかり解いていこう。

問題演習

1 次の連立方程式を解きなさい。

✓ 必ず得点

(1) $\begin{cases} 2x - 3y = 11 \\ y = x - 4 \end{cases}$ 〈埼玉県〉

[   ]

(2) $\begin{cases} 2x + 3y = 9 \\ y = 3x + 14 \end{cases}$ 〈千葉県〉

[   ]

(3) $\begin{cases} y = 5 - 3x \\ x - 2y = 4 \end{cases}$ 〈埼玉県〉

[   ]

(4) $\begin{cases} x + y = 7 \\ 3x - y = -3 \end{cases}$ 〈北海道〉

[   ]

(5) $\begin{cases} 2x + 3y = -1 \\ -4x - 5y = -1 \end{cases}$ 〈秋田県〉

[   ]

(6) $\begin{cases} x - 2y = 7 \\ 4x + 3y = 6 \end{cases}$ 〈滋賀県〉

[   ]

(7) $\begin{cases} 7x - y = 8 \\ -9x + 4y = 6 \end{cases}$ 〈東京都〉

[   ]

(8) $\begin{cases} 2x - 3y = 16 \\ 4x + y = 18 \end{cases}$ 〈富山県〉

[   ]

2 次の連立方程式を解きなさい。

✓ 必ず得点

(1) $3x + y = x - y = 4$ 〈沖縄県〉

[   ]

(2) $2x + y = x - 5y - 4 = 3x - y$ 〈奈良県〉

[   ]

(3) $3x - 4y = 5x - y = 17$ 〈佐賀県〉

[   ]

(4) $3x + 4y = x + y = 2$ 〈青森県〉

[   ]

(5) $x - y + 1 = 3x + 7 = -2y$ 〈大阪府〉

[   ]

(6) $\begin{cases} 4x + 5 = 3y - 2 \\ 3x + 2y = 16 \end{cases}$ 〈愛知県〉

[   ]

(7) $\begin{cases} \dfrac{x + y}{3} = \dfrac{1 + y}{2} \\ 3x - 2y = 1 \end{cases}$ 〈都立立川高〉

[   ]

(8) $\begin{cases} 0.3x - 0.2y = 0.6 \\ x + \dfrac{1}{2}(y - 1) = \dfrac{3}{2} \end{cases}$ 〈都立隅田川高〉

[   ]

3 連立方程式の利用

栄光の視点

💡 この単元を最速で伸ばすオキテ

🔲 文章から式をつくる能力と, その式を解いて正しい答えを導くまでのプロセスが, すべて問われる。問題のパターンと解き方のテクニックを知っておこう。特に, 未知数の決め方などに注意したい。

🔲 文章題では, 答えの単位に注意する。問題の要求する形で答えを書くことが必要。

📕 覚えておくべきポイント

🔲 **解や解の条件が分かっていて, 係数を求める**

・x, y に負の値を代入するときは ( ) をつけて代入し, 求める文字の値を計算する。「$-(-x)$」のような形には特に注意。

🔲 **文章題では, 2通りの関係式を見つける**

・何を x, y とするか決めて2通りの式をつくり, 解く。

・未知数の文字は, 答えそのものでなくてよい。式をつくりやすいものにする。

例 「今年の生徒の男女の人数」を求めるとき, 「昨年の生徒の男女の人数」をそれぞれ x, y とするなど。

🔲 **増減では, 百分率, 歩合, 小数の3通りの表現を理解しておく**

例 去年 x 人で, 今年は去年の1割増のとき, 今年の人数は,

$$\frac{110}{100}x 人 \quad あるいは \quad 1.1x 人 \quad のように表す。$$

🔲 **文章題で解を答えにする際のチェックポイント**

・答えの値が問題に適するかどうか。　　例 長さに負の値は不適。

・単位が必要か。必要なら単位は適切かどうか。　例 体積の単位に, cm^2 は不適。

💣 先輩たちのドボン

🔲 **解を求めて安心してしまった**

方程式が解けたからといって, 安心しないことが大事。方程式の解と問題の答えが同じとは限らない。最後に問題文を見て, 確認する習慣をつけると, 思わぬ勘違いによる失点を防ぐことができる。

問題演習

1 次の問いに答えなさい。

✔必ず得点 (1) a, b を定数とする。x, y の連立方程式 $\begin{cases} ax+by=-11 \\ bx+ay=17 \end{cases}$ の解が $x=1$, $y=-3$ であるとき，a, b の値をそれぞれ求めなさい。　〈大阪府〉

[　　　　　　　　　　　]

✔必ず得点 (2) x, y についての連立方程式 $\begin{cases} ax+by=1 \\ bx-2ay=8 \end{cases}$ の解が，$x=2$, $y=3$ であるとき，a, b の値をそれぞれ求めなさい。　〈島根県〉

[　　　　　　　　　　　]

👆よくでる (3) 十の位の数と一の位の数の和が 10 である 2 桁の自然数がある。この自然数の十の位の数と一の位の数を入れかえた自然数は，もとの自然数より 36 大きくなる。もとの自然数を求めなさい。　〈群馬県〉

[　　　　　　　　　　　]

👆よくでる (4) ある公園の大人 1 人の入園料は 400 円，子ども 1 人の入園料は 100 円である。ある日の開園から開園 1 時間後までの入園者数は，大人と子どもを合わせて 65 人で，この時間帯の入園料の合計が 14600 円であった。この時間帯に入園した大人と子どもの人数は，それぞれ何人ですか。求めなさい。　〈新潟県〉

[　　　　　　　　　　　]

➕差がつく (5) ある中学校では，遠足のため，バスで，学校から休憩所を経て目的地まで行くことにした。学校から目的地までの道のりは 98km である。バスは，午前 8 時に学校を出発し，休憩所まで時速 60km で走った。休憩所で 20 分間休憩した後，再びバスで，目的地まで時速 40km で走ったところ，目的地には午前 10 時 15 分に到着した。

　このとき，学校から休憩所までの道のりと休憩所から目的地までの道のりは，それぞれ何 km ですか。方程式をつくり，計算の過程を書き，答えを求めなさい。　〈静岡県〉

[

]

2 次の問いに答えなさい。

(1) 濃度が 6% の食塩水と 10% の食塩水があります。この 2 種類の食塩水を混ぜ合わせて，7% の食塩水を 600g つくります。次の①，②に答えなさい。

〈埼玉県〉

✔必ず得点 ① 7% の食塩水 600g にふくまれる食塩の質量を求めなさい。

〔   〕

✚よくでる ② 6% の食塩水を xg，10% の食塩水を yg として，連立方程式をつくり，6% の食塩水と 10% の食塩水の質量をそれぞれ求めなさい。

なお，考えるときに右の表を利用してもさしつかえありません。

	6% の食塩水	10% の食塩水	7% の食塩水
食塩水の質量(g)	x	y	
食塩の割合			
食塩の質量(g)			

〔   〕

(2) A 中学校の生徒数は，男女合わせて 365 人である。そのうち，男子の 80% と女子の 60% が，運動部に所属しており，その人数は 257 人であった。

このとき，A 中学校の男子の生徒数と女子の生徒数を，それぞれ求めたい。

〈富山県〉

✔必ず得点 ① A 中学校の男子の生徒数を x 人，女子の生徒数を y 人として，連立方程式をつくりなさい。

〔   〕

✔必ず得点 ② A 中学校の男子の生徒数と女子の生徒数を，それぞれ求めなさい。

〔   〕

✚よくでる (3) ある日の，1 個 150 円のチョコレートを 2 個買った人と 3 個買った人について，人数の合計は 28 人，金額の合計は 10950 円であった。チョコレートを 2 個買った人数と 3 個買った人数を，1 次方程式または連立方程式をつくり，それぞれ求めなさい。ただし，最初に，求める数量を単位をつけて文字で表し，1 次方程式または連立方程式と，途中の計算過程も書くこと。なお，消費税については考えないものとする。〈長野県〉

〔   〕

3 花子さんは重さが 70g の空の貯金箱に，毎日 10 円硬貨か 50 円硬貨のどちらか 1 枚を入れることにした。貯金箱に最初の 1 枚を入れた日を 1 日目として，100 日目の 1 枚を入れたとき，何円たまっているか気になり，貯金箱を開けずに重さを利用して調べる方法を考えた。10 円硬貨 1 枚の重さは 4.5g，50 円硬貨 1 枚の重さは 4g であり，100 日目の 1 枚を入れたときの貯金箱の重さは 500g であった。(1)，(2)に答えなさい。　〈岡山県〉

よくでる

(1)　貯金箱に入れた 10 円硬貨を x 枚，50 円硬貨を y 枚として，連立方程式をつくりなさい。

〔　　　　　　　　　　　　　〕

(2)　貯金箱に何円たまっているかを求めなさい。

〔　　　　　　　　　　　　　〕

4 災害による断水に備え，プールの水を生活用水として利用するために，2 種類のポンプ A，B を購入することにした。ポンプ A，B を試運転したところ，次のような結果を得た。　〈兵庫県〉

〈結果〉

　容積が 3600L の災害時用の貯水タンクに，プールから水をくみ上げる。貯水タンクに水の入っていない状態からポンプ A，B それぞれ 1 台ずつを，同時に 50 分間運転し，水が 2400L たまったところで中断した。そこに，ポンプ B を 4 台追加し運転を再開したところ，10 分後に貯水タンクが満水になった。

　次の問いに答えなさい。ただし，それぞれのポンプが 1 分間にくみ上げる水の量はつねに一定とする。

よくでる

(1)　ポンプ A，B がくみ上げる水の量は，1 分間でそれぞれ何 L か，求めなさい。

〔　　　　　　　　　　　　　〕

＋差がつく

(2)　ポンプ A，B を組み合わせて，1 分間で 100L 以上の水をくみ上げたい。ポンプ A，B は，1 台あたりそれぞれ 80000 円と 50000 円である。購入金額が最も安くなるのは，ポンプ A，B をそれぞれ何台購入するときか，求めなさい。

〔　　　　　　　　　　　　　〕

4 1次方程式

栄光の視点

この単元を最速で伸ばすオキテ

🔲 1次方程式では，四則の計算順序と（　）のはずし方が基本。「数の計算」などでも，利用されるのでつねに注意しておこう。

🔲 基本は，$ax=b$ の形に整理すること。左辺に x の項，右辺に定数の項を集めればよい。

📘 覚えておくべきポイント

🔲 **1次方程式は，（x の 1 次式）＝ 0 の形で表される式**

・1次方程式は，まず，四則に従い $ax=b$ の形に整理して，解く。

・$[ax-b=0]$　→　$ax=b$　→　$x=\dfrac{b}{a}$

🔲 **係数・定数が小数・分数の場合は，両辺を何倍かして，整数に直して計算する**

・小数なら，両辺を 10 倍，100 倍，…して整数に直す。

・分数なら，両辺に分母の最小公倍数をかけて整数に直す（分母を払う）。

🔲 **比例式は，「外項の積＝内項の積」を使って，1 次方程式に直して解く**

例　$x:6=3:2$ は，

$x×2=6×3$ より，$2x=18$　→　$\underline{x=9}$

先輩たちのドボン

🔲 **係数が分数で分母を払うとき，一部の項にしか分母の最小公倍数をかけなかったため，間違えた。要注意**

比例式では，外項の積（外側の項どうしの積）と内項の積（内側の項どうしの積）を間違えないように。ここは形で覚えてしまった方が楽だし，速い。

問題演習

1 次の方程式を解きなさい。

✔必ず得点

(1) $x = 3x - 10$ 〈岩手県〉

(2) $3x - 24 = 2(4x + 3)$ 〈福岡県〉

[　　　　　]　　　　　[　　　　　]

(3) $2x - 15 = -x$ 〈佐賀県〉

(4) $2x + 8 = 5x - 13$ 〈福岡県〉

[　　　　　]　　　　　[　　　　　]

(5) $5x - 60 = 2x$ 〈沖縄県〉

(6) $5x = 3(x + 4)$ 〈熊本県〉

[　　　　　]　　　　　[　　　　　]

(7) $4x - 5 = x - 6$ 〈東京都〉

(8) $\dfrac{3x + 4}{2} = 4x$ 〈秋田県〉

[　　　　　]　　　　　[　　　　　]

(9) $5x - 2 = 2(4x - 7)$ 〈福岡県〉

(10) $3(x + 5) = 4x + 9$ 〈東京都〉

[　　　　　]　　　　　[　　　　　]

(11) $\dfrac{2x + 9}{5} = x$ 〈熊本県〉

(12) $1.3x - 2 = 0.7x + 1$ 〈熊本県〉

[　　　　　]　　　　　[　　　　　]

2 次の比例式を解きなさい。

✔必ず得点

(1) $x : 6 = 5 : 3$ 〈大阪府〉

(2) $6 : 8 = x : 20$ 〈秋田県〉

[　　　　　]　　　　　[　　　　　]

(3) $3 : 4 = (x - 6) : 8$ 〈鹿児島県〉

(4) $5 : (9 - x) = 2 : 3$ 〈栃木県〉

[　　　　　]　　　　　[　　　　　]

5 1次方程式の利用

栄光の視点

💡 この単元を最速で伸ばすオキテ

🔲 文章問題では，基本的な公式をしっかり覚えておくことが必要である。時間の節約にもなるし，自信がもてる。

🔲 解く上では，等式変形の手法が必要なので，（　）のはずし方，分母の払い方，符号の変化などを，正確に理解しておこう。

📘 覚えておくべきポイント

🔲 **等式変形は，四則計算を使って解く**

・「aについて解け。」という問題は，式を「$a = \sim$」に変形すること。

（右辺にaの文字が残ってはいけない。）

・手順を正しく，1ステップずつ確認しながら，「（求める文字）$= \sim$」に変形する。

（1次方程式では，$x = \sim$とするが，それを特定の文字について行う。）

🔲 **文章を読んで式をつくるには，まず文章を式にしてから，文字を当てはめる**

（文字が決まっている場合もある）。さまざまな関係の公式を正確に覚えておこう

・距離＝速さ×時間

（速さ＝距離÷時間，時間＝距離÷速さ　についてもすぐ変形できるように。）

・割られる数＝割る数×商＋余り

・代金＝原価×（1＋利益率）

など。

🔲 **文章題では，解が答えとして適当かどうかチェックする**

例　不適当な例：　×食塩の濃度が－6％，×出席者が4.7人（平均は除く）。

（特に意味をもたせる場合は除く。）

💣 先輩たちのドボン

🔲 **基本的な関係式を理解していなかったので，立式できずに解き切れなかった**

グラフ（ダイヤグラム）を利用する問題は「関数」で扱うが，グラフを使わないでも解ける問題もある。頭の中でイメージできるといいが，わかりにくかったら図にかくと正確に把握できる。時間との兼ね合いになるが。

問題演習

1 次の問いに答えなさい。

よくでる

(1) x についての方程式 $ax+9=5x-a$ の解が6であるとき，a の値を求めなさい。　〈栃木県〉

[　　　　　]

(2) x についての方程式 $2x+a-1=0$ の解が3のとき，a の値を求めなさい。　〈秋田県〉

[　　　　　]

(3) 比例式 $x:3=(x+4):5$ が成り立つ x について，$\dfrac{1}{4}x-2$ の値を求めなさい。　〈島根県〉

[　　　　　]

2 次の問いに答えなさい。

よくでる

(1) $5a+2b=7c$ を a について解きなさい。　〈栃木県〉

[　　　　　]

(2) 等式 $S=\dfrac{1}{2}(a+b)h$ を a について解きなさい。　〈長崎県〉

[　　　　　]

(3) 等式 $a=\dfrac{3b+c}{2}$ を b について解きなさい。　〈佐賀県〉

[　　　　　]

(4) 等式 $\ell=2(a+b)$ を，b について解きなさい。　〈埼玉県〉

[　　　　　]

(5) 円錐の底面積を S，高さを h とすると，体積 V は，次のように表されます。

$$V=\dfrac{1}{3}Sh$$

円錐の高さを求めるために，この式を h について解きなさい。　〈岩手県〉

[　　　　　]

(6) 半径 $r$cm，弧の長さ ℓcm のおうぎ形がある。このおうぎ形の面積 Scm^2 は，$S=\dfrac{1}{2}\ell r$ と表される。この式 $S=\dfrac{1}{2}\ell r$ を ℓ について解きなさい。　〈高知県〉

[　　　　　]

3 次の問いに答えなさい。

✔必ず得点 (1) 濃度7%の食塩水200gに水を xg 加えたら，濃度4%の食塩水になった。x の値を求めなさい。 〈都立隅田川高〉

〔   〕

🖋よくでる (2) 濃度 a%の食塩水100gと，濃度 b%の食塩水200gを混ぜ合わせてできる食塩水の濃度は何%か。a と b を用いた式で表しなさい 〈都立隅田川高〉

〔   〕

🖋よくでる (3) サイクリングコースの地点Aから地点Bまで自転車で走った。地点Aを出発して，はじめは時速13kmで $a$km 走り，途中から時速18kmで $b$km 走ったところで，地点Bに到着し，かかった時間は1時間であった。このときの数量の関係を等式で表しなさい。 〈秋田県〉

〔   〕

4 次の問いに答えなさい。

➕差がつく (1) 2つの水そうA，Bに42Lずつ水が入っている。水そうAから水そうBに水を移して，AとBの水そうに入っている水の量の比が2：5になるようにする。何Lの水を移せばよいか，求めなさい。 〈青森県〉

〔   〕

➕差がつく (2) Aの箱に赤玉が45個，Bの箱に白玉が27個入っている。Aの箱とBの箱から赤玉と白玉の個数の比が2：1となるように取り出したところ，Aの箱とBの箱に残った赤玉と白玉の個数の比が7：5になった。Bの箱から取り出した白玉の個数を求めなさい。 〈三重県〉

〔   〕

🖋よくでる (3) クラスで記念作品をつくるために1人700円ずつ集めた。予定では全体で500円余る見込みであったが，見込みよりも7500円多く費用がかかった。そのため，1人200円ずつ追加して集めたところ，かかった費用を集めたお金でちょうどまかなうことができた。
記念作品をつくるためにかかった費用は何円か，求めなさい。 〈愛知県〉

〔   〕

5 かずよしくんは，自宅から 1800m はなれた学校に登校するため，午前 7 時 30 分に家を出発した。

＋ 差がつく

最初は毎分 60m の速さで歩いていたが，遅刻しそうになったので，途中から毎分 100m の速さで走ったところ，午前 7 時 56 分に学校に着いた。

かずよしくんが走った道のりは何 m か，求めなさい。〈大分県〉

〔　　　　　　〕

6 右の表は，ある菓子店でケーキ A とケーキ B をそれぞれ 1 個つくるために必要な，小麦粉とバターの量を表したものです。この菓子店では，

	小麦粉(g)	バター(g)
ケーキA	60	30
ケーキB	70	20

1 日にケーキ A をケーキ B より 20 個多くつくります。

あとの(1)，(2)の問いに答えなさい。〈宮城県〉

✓ 必ず得点 (1) この菓子店で 1 日につくるケーキ A の個数が x 個のとき，ケーキ A とケーキ B の両方をつくるのに必要なバターの総量を，x を使った式で表しなさい。

〔　　　　　　〕

🖐 よくでる (2) この菓子店では，1 日にケーキ A とケーキ B を両方つくるとき，使用する小麦粉の総量が，使用するバターの総量の 2.5 倍となるようにします。このとき，ケーキ A は何個つくれますか。

〔　　　　　　〕

7 80g の水に濃度 2％の食塩水と濃度 5％の食塩水を混ぜて，濃度 4％の食塩水を 500g つくりたいです。濃度 2％の食塩水を何 g 混ぜればよいか，答えなさい。〈都立国立高〉

〔　　　　　　〕

6 2次方程式の利用

栄光の視点

💡 この単元を最速で伸ばすオキテ

🔲 2次方程式では，特に解（答え）のチェックが重要になる。計算の結果がそのまま答えになるわけではないので注意しよう。

🔲 特に，符号や$\sqrt{}$が答えとしてOKかどうか，問題を見直そう。

📖 覚えておくべきポイント

🔲 **文字を使って2次方程式をつくる。文字は答えそのものでなくてもよい**

例 ある自然数を2乗すると，ある数の2倍に3をたした数になった。
ある数を求める。
ある数をxとすると，$x^2 = 2x + 3$ $\Rightarrow$ $x^2 - 2x - 3 = 0$
左辺を因数分解すると，$(x-3)(x+1) = 0$ $\Rightarrow$ $x = 3, \ -1$

🔲 **解の符号や範囲が，答えとして適当かどうか，チェックする（解の吟味）**

・求める答えが，自然数か，正の数か負の数か，有理数か無理数かなどに合わせて，**問題に適するかどうか**を確認する。上の例では，（自然数なので）**答：3**

🔲 **求値問題では，式中の文字に分かっている値を代入して解く**

・負の値を代入するときは，(-4)のように（ ）をつけて代入するとよい。
・代入後は，等式変形の要領で，求める文字について解く。

🔲 **基本的な公式を理解しておく**

・1次方程式と同様に，**代金・速さ・商と余り・濃度・面積・体積** などの公式（関係式）を押さえておこう。

💣 先輩たちのドボン

🔲 **2次方程式の文章題で，解が問題に適するかどうか確認しなかったために，正答できなかった**

せっかく，式をつくり，解いても，最後に解のチェックもれ，単位のつけ忘れがあると，減点されたり，×になったりすることもある。最後に，問題文で何を聞いているのかを，確認する習慣をつけておこう。

問題演習

1 1辺の長さが x cm の正方形がある。この正方形の縦の長さを 4cm 長くし，横の長さを 5cm 長くして長方形をつくったところ，できた長方形の面積は 210cm² であった。x の値を求めなさい。 〈大阪府〉

✎よくでる

[   ]

2 横の長さが，縦の長さよりも 1m 長い長方形の花だんを 1 つつくります。縦の長さを x m とするとき，次の(1), (2)の問いに答えなさい。 〈宮城県〉

✔必ず得点 (1) 花だんの周の長さを，x を使った式で表しなさい。[   ]

✎よくでる (2) 花だんの面積を $\frac{35}{4}$ m² にします。このとき，x についての方程式をつくりなさい。また，花だんの縦の長さを求めなさい。

[   ]

3 右の図のような，縦 4cm，横 7cm，高さ 2cm の直方体 P がある。直方体 P の縦と横をそれぞれ x cm（$x>0$）長くした直方体 Q と，直方体 P の高さを x cm 長くした直方体 R をつくる。直方体 Q と直方体 R の体積が等しくなるとき，x の方程式をつくり，x の値を求めなさい。ただし，途中の計算も書くこと。 〈栃木県〉

✎よくでる

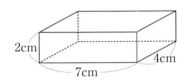

[   ]

4 商品 A は，1 個 120 円で売ると 1 日あたり 240 個売れ，1 円値下げするごとに 1 日あたり 4 個多く売れるものとする。
　次の(1)〜(3)の問いに答えなさい。 〈岐阜県〉

(1) 1 個 110 円で売るとき，1 日で売れる金額の合計はいくらになるかを求めなさい。

[   ]

(2) x 円値下げするとき，1 日あたり何個売れるかを，x を使った式で表しなさい。

[   ]

(3) 1 個 120 円で売るときよりも，1 日で売れる金額の合計を 3600 円増やすためには，1 個何円で売るとよいかを求めなさい。

[   ]

5 右の図のように，縦の長さが7cm，横の長さが1cmの長方形がある。縦と横の長さをそれぞれのばして，周の長さが38cmの長方形をつくる。縦の長さを$x$cmだけのばしたとき，(1)〜(3)の各問いに答えなさい。〈佐賀県〉

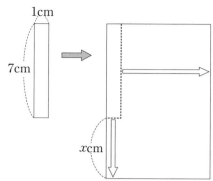

✓必ず得点 (1) 縦の長さを3cmだけのばしたとき，のばしてできる長方形の横の長さを求めなさい。

[　　　　　]

✓必ず得点 (2) 縦の長さを$x$cmだけのばしたとき，のばしてできる長方形の横の長さをxを用いて表しなさい。

[　　　　　]

🍃よくでる (3) のばしてできる長方形の面積が60cm²になるのは，縦の長さを何cmだけのばしたときか，求めなさい。ただし，xについての方程式をつくり，答えを求めるまでの過程も書きなさい。

[　　　　　　　　]

6 右の図のように，AB＝20cm，BC＝30cmの長方形ABCDがあります。点P，Qはそれぞれ頂点C，Dを同時に出発し，Pは毎秒2cmの速さで辺CD上をDまで，Qは毎秒3cmの速さで辺DA上をAまで，矢印の方向に移動します。△PDQの面積が48cm²になるのは，点P，Qがそれぞれ頂点C，Dを同時に出発してから，何秒後と何秒後ですか。

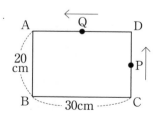

　出発してからの時間をx秒として方程式をつくり，求めなさい。ただし，$0<x<10$とします。〈北海道〉

[　　　　　　　　]

PART

3

関数

1 比例と反比例

栄光の視点

 この単元を最速で伸ばすオキテ

🔄 反比例で x, y の積が一定であることに注目しておきたい。また、原点に関して点対称のグラフになり、$x<0$, $x>0$ の場合で増減が変化することにも注意しよう。

🔄 比例定数を求めてから、改めて x(あるいは y）の値を代入して他の文字の値を求める問題が多い。符号に注意して、計算をていねいにしよう。

📖 **覚えておくべきポイント**

🔄 **(正) 比例の性質と式を、理解しておく**

・性質 ⇨ x の値を 2, 3, 4, …倍にすると、y の値も 2, 3, 4, …倍になる関係。

・公式 ⇨ $y = ax$(a は比例定数）⇨ $\dfrac{y}{x} = a$（商一定）

・グラフ ⇨ 原点(0, 0)を通る直線。

🔄 **反比例の性質と式を、理解しておく**

・性質 ⇨ x の値を 2, 3, 4, …倍にすると、y の値が $\dfrac{1}{2}$, $\dfrac{1}{3}$, $\dfrac{1}{4}$, …倍になる関係。

・公式 ⇨ $y = \dfrac{a}{x}$(a は比例定数）⇨ $xy = a$（積一定）

・グラフ ⇨ 原点に関して対称な 2 つの曲線（双曲線）。

🔄 **比例定数は、1 点の座標がわかれば、求めることができる**

・x 座標、y 座標の値を公式に代入して、a の値を求める。

・求めた a の値から、比例の式(or 反比例の式）をつくることができる。

例 y が x に比例して、$x=4$ のとき $y=12$ ⇨ $12=a\times4$, $a=3$, $\underline{y=3x}$

例 y が x に反比例して、$x=3$ のとき $y=-2$

⇨ $-2=\dfrac{a}{3}$, $a=-6$, $\underline{y=-\dfrac{6}{x}}$

 先輩たちのドボン

🔄 **問題文は最後まで読み、何をきいているのか確認せずに解答してミスをした**

「y は x に比例し、$x=2$ のとき $y=6$ である。」まで読んで、答えを $a=3$ と書いたが、問題は「$x=6$ のとき y はいくつか。」と続いていた。問題の読み落としには注意。

問題演習

1 次の問いに答えなさい。

✓ 必ず得点 **(1)** 次のア～エのうち，y が x に比例するものはどれですか。1つ選び，その記号を書きなさい。

また，その比例の関係について，y を x の式で表しなさい。 〈岩手県〉

ア 1辺の長さが $x$cm の立方体の表面積は，$y$cm^2 である。

イ 700 m の道のりを毎分 xm の速さで歩くと，y 分間かかる。

ウ 空の容器に毎分 3L ずつ水を入れると，x 分間で yL たまる。

エ ソース 50g にケチャップ xg を混ぜると，全体の重さは yg である。

〔   〕

✓ 必ず得点 **(2)** y が x に反比例するものを，次のア～エから1つ選び，記号で答えなさい。 〈鳥取県〉

ア 1辺の長さが $x$cm の正方形の面積 $y$cm^2

イ 500 mL の牛乳を x mL 飲んだときの残りの量 y mL

ウ 底辺が 8cm，高さが $x$cm の三角形の面積 $y$cm^2

エ 12km の道のりを時速 $x$km で進むときにかかる時間 y 時間

〔   〕

✓ 必ず得点 **(3)** 反比例 $y = \dfrac{a}{x}$ のグラフが，点 $(2, -3)$ を通るとき，a の値を求めなさい。 〈兵庫県〉

〔   〕

✓ 必ず得点 **(4)** 右の表で，y が x に反比例するとき，□□□にあてはまる数を求めなさい。

x	-4	-2	0
y	□	3	✕

〈青森県〉

〔   〕

✓ 必ず得点 **(5)** 次の表は，x と y の関係を表したものである。y が x に反比例するとき，表の□□□にあてはまる数を求めなさい。

x	$\cdots$	-1	$\cdots$	0	$\cdots$	3	$\cdots$
y	$\cdots$	□	$\cdots$	✕	$\cdots$	2	$\cdots$

〈秋田県〉

〔   〕

2 次の問いに答えなさい。

よくでる (1) y は x に反比例し，$x = -2$ のとき $y = 2$ である。次の①，②の問いに答えなさい。 〈群馬県〉

① y を x の式で表しなさい。

〔   〕

② ①で表した式について，この関数のグラフを右の図にかきなさい。

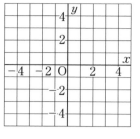

〔   〕

必ず得点 (2) 右の図は，y が x に反比例する関数のグラフである。このグラフを表す関数の式を次のア～エから１つ選び，記号で答えなさい。 〈島根県〉

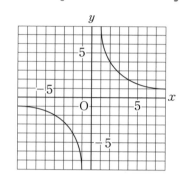

ア $y = \dfrac{x}{8}$　　イ $y = -\dfrac{x}{8}$

ウ $y = \dfrac{8}{x}$　　エ $y = -\dfrac{8}{x}$

〔   〕

必ず得点 (3) y は x に比例し，$x = -4$ のとき $y = 6$ である。このとき，y を x の式で表しなさい。 〈高知県〉

〔   〕

必ず得点 (4) 関数 $y = \dfrac{12}{x}$ について，x の値が 1 から 4 まで増加するときの変化の割合を求めなさい。 〈千葉県〉

〔   〕

よくでる (5) y は x に反比例し，$x = 3$ のとき $y = -4$ である。y を x の式で表しなさい。 〈富山県〉

〔   〕

よくでる (6) y は x に反比例し，$x = 6$ のとき $y = \dfrac{1}{2}$ である。$x = -3$ のとき y の値を求めなさい。 〈佐賀県〉

〔   〕

よくでる (7) 関数 $y = \dfrac{a}{x}$ で，x の変域が $1 \leqq x \leqq 3$ のとき，y の変域は $b \leqq y \leqq 6$ である。a，b の値をそれぞれ求めなさい。 〈徳島県〉

〔   〕

3 右の図のように，関数 $y = \dfrac{18}{x}$ $(x > 0)$ のグラフ上に 2 点 P，Q があり，点 Q の x 座標は点 P の x 座標の 3 倍である。また，点 P を通り y 軸に平行な直線と x 軸との交点を R とし，線分 PR と線分 OQ の交点を S とする。次の(1)，(2)の問いに答えなさい。　〈大分県〉

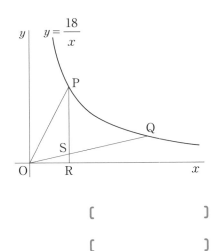

(1)　△OPR の面積を求めなさい。　〔　　　　　〕

(2)　△OPS の面積を求めなさい。　〔　　　　　〕

4 右の図で，曲線は関数 $y = \dfrac{a}{x}$ $(a > 0)$ のグラフであり，点 O は原点である。2 点 A，B は曲線上の点であり，その座標はそれぞれ $(2, 3)$，$(-2, -3)$ である。また，点 P は曲線上を動く点で，その x 座標は正の数である。各問いに答えなさい。　〈奈良県〉

必ず得点 (1)　a の値を求めなさい。

〔　　　　　〕

(2)　点 P の x 座標と y 座標の関係を正しく述べたものを，次のア～エから 1 つ選び，その記号を書きなさい。
　　ア　x 座標と y 座標の和は一定である。
　　イ　y 座標から x 座標をひいた差は一定である。
　　ウ　x 座標と y 座標の積は一定である。
　　エ　y 座標を x 座標で割った商は一定である。　〔　　　　　〕

(3)　点 P の座標が $(6, 1)$ のとき，①，②の問いに答えなさい。

思考力 ①　x 座標，y 座標がともに整数となる点のうち，△OAP の内部と周上にある点の個数を求めなさい。　〔　　　　　〕

差がつく ②　線分 BP と x 軸との交点を C とし，線分 AB 上に点 D をとる。△BCD の面積と四角形 ADCP の面積が等しくなるとき，点 D の座標を求めなさい。

〔　　　　　〕

55

2 1次関数

栄光の視点

 この単元を最速で伸ばすオキテ

- 1次関数のグラフで，平行な直線は無数にあり，共通なのは傾きが同じことである。平行な直線を1つに決めるためには，切片を決めて進める。
- 2直線の交点の座標は，連立方程式を解いて得られる（代入法が便利）。
- 上のような手順を決めておくと，問題を解くときに慌てないで済む。

📖 覚えておくべきポイント

- **1次関数は，y が x の1次式で表される関係をいう**

  ・1次関数 ⇨ $y = ax + b$ の形で表される。

  ・グラフは直線 ⇨ a は直線の**傾き**，b は**切片**

  （y 切片）。

  （1次関数の変化の割合＝**傾き a**）

  ・$a > 0$ のとき，直線は右上がり。

  $a < 0$ のとき，直線は右下がり（変域に注意）。

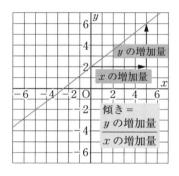

- **2つの直線が平行なときは傾きが等しく，垂直なときは傾きの積が−1である**

  ・2つの直線 $y = ax + b$ と $y = cx + d$ が，

  ⇨ 平行なときは傾きが等しく，　　$a = c$

  ⇨ 垂直なときは傾きの積が−1　　$a \times c = -1$

  例　$y = x - 1$ と $y = -x + 2$ の直線は，$1 \times (-1) = -1$ なので直交する。

- **2つの直線の交点の座標は，連立方程式の解を求めればよい**

  例　$y = 2x - 1$ と $y = -3x - 6$ のとき，交点の座標は，

  連立方程式 $\begin{cases} y = 2x - 1 \\ y = -3x - 6 \end{cases}$ を解いて，

  解は $(x, y) = (-1, -3)$，交点の座標も

  $(-1, -3)$

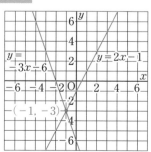

先輩たちのドボン

⤷ **変域の問題で，傾きが負なのを忘れて，不等式を間違えた**

$y=-x+4$ で $-1<x<3$ のときの y の変域を $5<y<1$ としてしまった。この形のミスにも気づかないまま提出したなどしないよう，とにかく注意が肝心。

問題演習

1 次の問いに答えなさい。

(1) 直線 $y=-3x+2$ に平行で，点$(1, -4)$を通る直線の式を求めなさい。

〈群馬県〉

〔   〕

(2) 直線 $y=-\dfrac{2}{3}x+5$ に平行で，点$(-6, 2)$を通る直線の式を求めなさい。

〈京都府〉

〔   〕

(3) 1次関数 $y=-\dfrac{1}{2}x+2$ のグラフと1次関数 $y=3x+9$ のグラフの交点の座標を求めなさい。

〈高知県〉

〔   〕

(4) y軸を対称の軸として，直線 $y=2x+3$ と線対称となる直線の式を求めなさい。

〈徳島県〉

〔   〕

(5) yがxの1次関数で，そのグラフが直線 $y=3x+2$ に平行で，点$(2, -1)$を通る直線であるとき，この1次関数を求めなさい。

〈長崎県〉

〔   〕

(6) yがxの1次関数で，そのグラフが2点 $(4, 3)$, $(-2, 0)$ を通るとき，この1次関数の式を求めなさい。

〈埼玉県〉

〔   〕

(7) 右の図の直線 ℓ の式を求めなさい。

〈鹿児島県〉

〔   〕

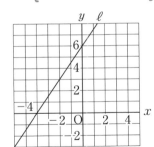

3 1次関数の利用

栄光の視点

 この単元を最速で伸ばすオキテ

🖙 ダイヤグラムの問題の出題が多い。グラフの性質を利用して，距離・速さを計算できるようにしておくとよい。

🖙 旅人算で，追いつくのにかかる時間が計算できることを理解しておく。

🖙 交点が出会ったり，追い抜いたりするポイントであるなどの知識も必要だ。

📖 **覚えておくべきポイント**

🖙 **グラフ上での1次関数と図形の性質の組み合わせ問題（動点問題）**

- x 座標の差や y 座標の差を三角形の底辺と考える。
- 面積の等しい三角形。
  ……等積変形の利用
- 長方形で三角形を囲んで，面積を計算する（図1）。
- 2つの三角形に分割して，面積を計算する（図2）。

図1

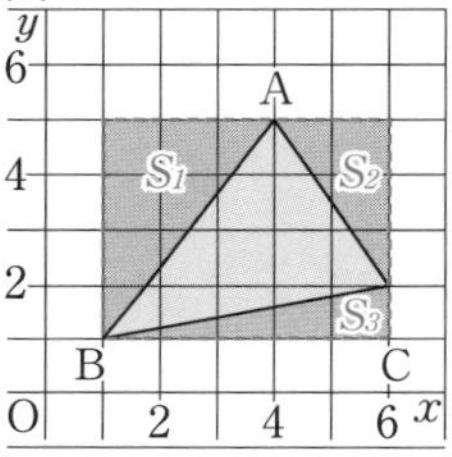

図2

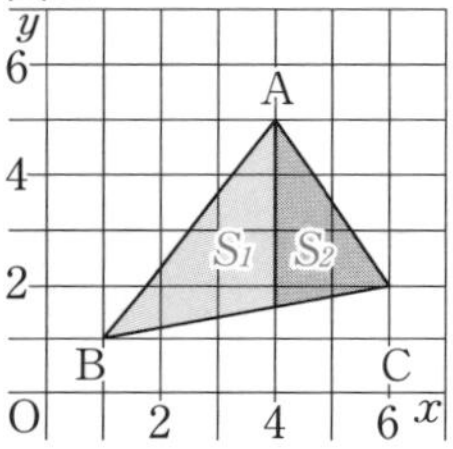

🖙 **距離・速さ・時間の問題では，ダイヤグラムをかいて解く**

- ダイヤグラム…横軸に時間，縦軸に距離をとってかくグラフ。
- グラフ上で，直線の傾きは速さを表す。
- 交点の座標は，出会った時間と位置を表す。

🖙 **動点の問題では，動点が動ける範囲の変域を $a \leqq x \leqq b$，$b \leqq x \leqq c$，…のように分けて，ある量 y を表す式を x で表す**

- 点の位置で決まる図形の面積についての式をつくる。
  （変域によって，式が変わる。）

 先輩たちのドボン

🖙 **図形問題のアプローチが未定着で，解法を見いだすのに時間がかかった**

等積変形を利用すべきところで，気づかずに間違えたなどのミスが見うけられる。いろいろなパターンにすぐ対応できるように学習しておくべき。

問題演習

1 右の図のように，関数 $y = ax$ …① のグラフと，関数 $y = -\dfrac{2}{3}x + 4$ …② のグラフがあります。関数①，②のグラフの交点を A とします。また，関数②のグラフと y 軸との交点を B とします。ただし，$a > 0$ とします。次の(1)，(2)に答えなさい。
〈広島県〉

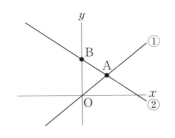

✔必ず得点　(1)　点 B の y 座標を求めなさい。

[　　　　　　]

🔔思考力　(2)　線分 OA 上の点で x 座標と y 座標がともに整数である点が，原点以外に 1 個となるような a の値のうち，最も小さいものを求めなさい。

[　　　　　　]

2 右の図のように，3 直線 ℓ，m，n があり，m，n の式はそれぞれ $y = \dfrac{1}{2}x + 2$，$y = -2x + 7$ である。

ℓ と m との交点，m と n との交点，ℓ と n との交点をそれぞれ A，B，C とすると，A の座標は $(-2,\ 1)$ であり，C は y 軸上の点である。

このとき，次の(1)，(2)の問いに答えなさい。
〈福島県〉

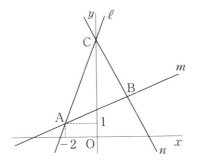

👆よくでる　(1)　直線 ℓ の式を求めなさい。

[　　　　　　]

(2)　A を出発点として，直線 ℓ，n 上を A → C → B の順に A から B まで動く点を P とする。

また，P を通り y 軸に平行な直線と直線 m との交点を Q とし，△APQ の面積を S とする。

👆よくでる　①　点 P の x 座標が -1 のとき，S の値を求めなさい。

[　　　　　　]

🔔思考力　②　$S = \dfrac{5}{2}$ となる点 P の x 座標をすべて求めなさい。

[　　　　　　]

3 学校から公園までの1400mの真っ直ぐな道を通り，学校と公園を走って往復する時間を計ることにした。Aさんは学校を出発してから8分後に公園に到着し，公園に到着後は速さを変えて走って戻ったところ，学校を出発してから22分後に学校に到着した。ただし，Aさんの走る速さは，公園に到着する前と後でそれぞれ一定であった。

＋差がつく

次の(1)，(2)の問いに答えなさい。

〈岐阜県〉

(1)　Aさんが学校を出発してからx分後の，学校からAさんまでの距離をymとすると，xとyとの関係は上の表のようになった。

x(分)	0	…	2	…	8	…	10	…	22
y(m)	0	…	ア	…	1400	…	イ	…	0

①　表中のア，イに当てはまる数を求めなさい。

②　xとyとの関係を表すグラフをかきなさい。（0≦x≦22）

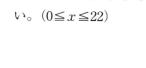

③　xの変域を8≦x≦22とするとき，xとyとの関係を式で表しなさい。

(2)　BさんはAさんが学校を出発してから2分後に学校を出発し，Aさんと同じ道を通って公園まで行き，学校に戻った。このとき，Bさんは学校を出発してから8分後に，公園から戻ってきたAさんとすれ違った。BさんはAさんとすれ違った後，すれ違う前より1分あたり10m速く走り，Aさんに追いついた。ただし，Bさんの走る速さは，Aさんとすれ違う前と後でそれぞれ一定であった。

①　Aさんとすれ違った後のBさんの走る速さは，分速何mであるかを求めなさい。

②　BさんがAさんに追いついたのは，Aさんが学校を出発してから何分何秒後であるかを求めなさい。

4　右の図1のように，縦，横ともに1cmの等しい間隔で直線がひかれた方眼紙があり，縦線と横線の交点に，点 A，B，C，D，E，F，Q，R がある。

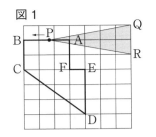

図1

点 P は，A を出発して，線分 AB，BC，CD，DE，EF，FA 上を，A → B → C → D → E → F → A の順に A まで動く。

点 P が，A を出発してから $x$cm 動いたときの△PQR の面積を $y$cm² とするとき，次の問いに答えなさい。

〈富山県〉

PART 3
関数

3

1次関数の利用

✔必ず得点　(1)　$x = 4$ のとき，y の値を求めなさい。

〔　　　　　　　　〕

(2)　点 P が C から D まで動くときの，x の変域を求めなさい。

〔　　　　　　　　〕

(3)　次の図2は，x と y の関係を表したグラフの一部である。
　　このグラフを完成させなさい。

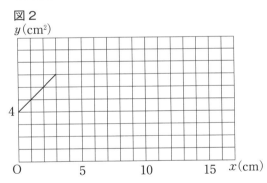

図2
y(cm²)

4

O　　　5　　　10　　　15　　x(cm)

☛よくでる　(4)　△PQR の面積が6cm²となる x の値は2つある。その値をそれぞれ求めなさい。

〔　　　　　　　　〕

4 関数 $y=ax^2$

栄光の視点

💡 この単元を最速で伸ばすオキテ

🗂 変化の割合，変域などの計算をまず押さえておく。ここを間違えると，あとの問題にまで影響する。特に，原点をまたぐ場合の変域を間違えることが多い。簡単なグラフをかいてみると，わかりやすい。

🗂 絶対値を正確に理解しておく。

📕 覚えておくべきポイント

🗂 **2 次関数 $y=ax^2$ の変化の割合**

・2 次関数 $y=ax^2$ で，x の値が x_1 から x_2 まで変化するときの速算法。変化の割合を m とする。

> ●一般の関数の変化の割合●
> $$(変化の割合) = \frac{y の増加量}{x の増加量}$$

$m=a(x_1+x_2)$ 【証明】 $m = \dfrac{ax_2^2 - ax_1^2}{x_2-x_1} = \dfrac{a(x_2+x_1)(x_2-x_1)}{x_2-x_1} = a(x_1+x_2)$

例 $y=3x^2$ で x が -1 から 3 まで変化するときの変化の割合は，$3 \times (-1+3) = 6$

🗂 **2 次関数 $y=ax^2$ の変域**

・x の値が 0 をまたぐとき，

$a>0$ では，$y=0$ が最小値。最大値は x の絶対値の大きい方を代入。

$a<0$ では，$y=0$ が最大値。最小値は x の絶対値の大きい方を代入。

🗂 **2 次関数 $y=ax^2$ のグラフ**

・$y=ax^2$ のグラフは，原点を通り，y 軸について対称な放物線。

・点 (p, q) が $y=ax^2$ 上の点ならば，y 軸について対称な点 $(-p, q)$ も $y=ax^2$ 上の点。

🗂 **放物線と直線の交点の座標は，2 次方程式を解いて求める**

例 $y=x^2$ と $y=3x+4$ の交点は，

$x^2=3x+4 \Rightarrow x^2-3x-4=0 \Rightarrow (x-4)(x+1)=0 \Rightarrow x=4, \ -1$

x の値を代入して，交点の座標は，$(4, 16), (-1, 1)$

💣 先輩たちのドボン

🗂 **変域問題で図をかかず，ミスを連発してしまった**

原点をまたぐときの変域問題は頻出問題だが，間違いやすい。グラフをかいて，上下のどちらに開くか，絶対値の大きい方はどちらかを確認するといい。

問題演習

1 次の問いに答えなさい。

よくでる

(1) 次の①, ②の問いに答えなさい。 〈秋田県〉

① 関数 $y = -x^2$ の値の増減について説明した次の文が正しくなるように, A , B にあてはまる言葉の組み合わせを, 下のア〜エから1つ選んで記号を書きなさい。

> $x < 0$ の範囲では, x の値が増加するとき, y の値は A する。また, $x > 0$ の範囲では, x の値が増加するとき, y の値は B する。

> ア A 増加 B 増加 イ A 減少 B 増加
> ウ A 増加 B 減少 エ A 減少 B 減少

[   ]

② 関数 $y = -x^2$ について, x の値が a から $a+1$ まで増加するときの変化の割合は5である。このとき, a の値を求めなさい。

[   ]

(2) 関数 $y = \dfrac{1}{2}x^2$ について, x の値が4から6まで増加するときの変化の割合を求めなさい。 〈愛知県〉

[   ]

(3) 関数 $y = ax^2$ (a は定数)と $y = 3x$ について, x の値が1から3まで増加するときの変化の割合が同じであるとき, a の値を求めなさい。 〈愛知県〉

[   ]

(4) 関数 $y = ax^2$ について, x の値が1から4まで増加するときの変化の割合が10である。このとき, a の値を求めなさい。 〈石川県〉

[   ]

(5) 関数 $y = \dfrac{1}{2}x^2$ について, x の変域が $-4 \leqq x \leqq 3$ のとき, y の変域は $a \leqq y \leqq b$ である。このとき, a, b の値を求めなさい。 〈高知県〉

[   ]

+ 差がつく (6) 関数 $y = -2x^2$ について, x の変域を $-2 \leqq x \leqq a$ とするとき, y の変域が $-8 \leqq y \leqq 0$ となるような a のとりうる値の範囲を求めなさい。 〈埼玉県〉

[   ]

2 次の問いに答えなさい。

✔必ず得点

(1) 関数 $y = -7x^2$ のグラフ上に y 座標が -28 である点があります。この点の x 座標を求めなさい。　　　　　〈滋賀県〉

[　　　　　　　]

(2) 関数 $y = \dfrac{1}{4}x^2$ において，x の値が 2 から 4 まで増加するときの変化の割合を求めなさい。　　　　　〈山梨県〉

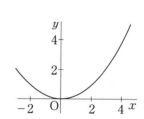

[　　　　　　　]

(3) 右の図において，m は $y = ax^2$（a は定数）のグラフを表す。A は m 上の点であり，その座標は $(4,\ 5)$ である。a の値を求めなさい。　　　　　〈大阪府〉

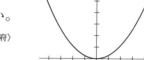

[　　　　　　　]

(4) 関数 $y = ax^2$ は，$x = 2$ のとき $y = 8$ である。$x = 3$ のときの y の値を求めなさい。　　　　　〈山口県〉

[　　　　　　　]

(5) 関数 $y = ax^2$ について，x の変域が $-1 \leq x \leq 2$ のとき，y の変域は $-8 \leq y \leq 0$ となりました。このとき，a の値を求めなさい。　　　　　〈埼玉県〉

[　　　　　　　]

(6) $-3 \leq x \leq -1$ の範囲で，x の値が増加すると y の値も増加する関数を，下の①〜④の中から全て選び，その番号を書きなさい。　　　　　〈広島県〉

① $y = 4x$ 　　② $y = \dfrac{6}{x}$ 　　③ $y = -2x + 3$

④ $y = -x^2$

[　　　　　　　]

3 図で，O は原点，四角形 ABCD は AC＝2BD のひし形で，E は対角線 AC と BD との交点である。

点 A，E の座標がそれぞれ (3, 10)，(3, 6) で，関数 $y=ax^2$ （a は定数）のグラフがひし形 ABCD の頂点または辺上の点を通るとき，a がとることのできる値の範囲を，不等号を使って表しなさい。 〈愛知県〉

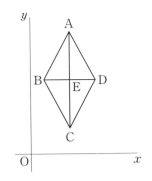

〔　　　　　〕

4 右の図において，①は反比例のグラフ，②は関数 $y=-x^2$ のグラフである。

①と②との交点を A とする。また，①のグラフ上に点 B をとり，B から x 軸，y 軸に，それぞれ垂線をひき，x 軸，y 軸との交点を，それぞれ C，D とする。点 A の x 座標が -3 であるとき，次の問いに答えなさい。 〈山形県〉

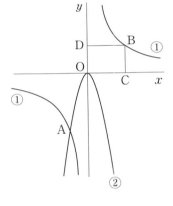

(1) 関数 $y=-x^2$ について，x の値が 2 から 4 まで増加するときの変化の割合を求めなさい。

〔　　　　　〕

🔔 思考力 (2) 四角形 OCBD の面積を求めなさい。

〔　　　　　〕

5 関数 $y=ax^2$ の利用

栄光の視点

この単元を最速で伸ばすオキテ

🗐 動点問題では,「点が動いた距離(長さ)」に着目。求めたい長さは,点の動いた
距離を求めた後に考える。

🗐 場合分けは「変化ごと」に行う。「動点が進む向きを変えた」「動点が止まった」
などの変化をとらえ,その変化があるごとに図をかいて考える。

📘 覚えておくべきポイント

🗐 **面積の問題で役に立つ知識**

・相似な図形の,相似比 $a:b$ ⇔ 面積比 $a^2:b^2$ ⇔ 体積比 $a^3:b^3$

・三角形の面積の比…底辺に比例し,高さに比例する。

・実際に面積を求めなくてよい場合が多い。

🗐 **連比の作り方も意外と大事**

・$a:\underline{b}=3:\underline{2}$, $\underline{b}:c=\underline{3}:2$ のとき ⇒ $a:\underline{b}:c=9:\underline{6}:4$

(共通項 b の最小公倍数にそろえる)

🗐 **代表的な問題**

・ふりこの問題 … ふりこの長さ ym は周期 x 秒の 2 乗に比例する … $y=\dfrac{1}{4}x^2$

・動点の問題 … x の変域ごとに,点の位置を表す式をつくり,それを元に,三角形などの面積の式をつくる。変域によっては,$y=ax^2$(グラフでは放物線の一部)のところもある。

・制動距離の問題 … 時速 $x$km の速さで走る自動車がブレーキをかけてから止まるまでの時間を y 秒とすると,y は x の 2 乗に比例する。
⇒ $y=ax^2$(a:比例定数)

先輩たちのドボン

🗐 **辺の比を求めるときに,連比で迷ってしまった**

底辺の比を正しく出せずに間違ってしまった,というミスが目立つ。ちゃんと練習しておけばよかったと,後悔する人も多いので注意しよう。

問題演習

1 ふりこが1往復するのにかかる時間を周期とい
い，周期はおもりの重さやふれ幅に関係しない。
周期が x 秒のふりこの長さを y m とすると，x と
y には次の関係が成り立つものとする。　〈長野県〉

$$y=\frac{1}{4}x^2$$

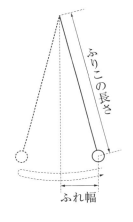

(1) 周期が3倍になると，ふりこの長さは何倍に
なるか，求めなさい。

〔　　　　　　　　〕

(2) ある博物館には，ふりこの長さが5.6m のふりこ時計がある。このふ
りこの周期がふくまれる範囲として最も適切なものを，次のア～エから
1つ選び，記号を書きなさい。

ア　3秒以上4秒未満　　　イ　4秒以上5秒未満
ウ　5秒以上6秒未満　　　エ　6秒以上7秒未満

〔　　　　　　　　〕

2 1往復するのに x 秒かかるふりこの長さを y m と
すると，$y=\frac{1}{4}x^2$ という関係が成り立つものと
する。1往復するのに2秒かかるふりこをふりこ
A とするとき，次の(1)，(2)の問いに答えなさい。

〈群馬県〉

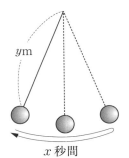

x 秒間

✔必ず得点 (1) ふりこ A の長さを求めなさい。

〔　　　　　　　　〕

(2) 長さが $\frac{1}{4}$ m のふりこ B は，ふりこ A が1往復する間に何往復するか，
答えなさい。
　　ただし，答えをどのように導いたかを，答えの根拠がわかるように説
明すること。

〔

　　　　　　　　　　　　　　　　　　　　　　　　　　　　　　　　　　〕

3 図1の長方形 ABCD において，AB＝18cm，BC＝8cm である。点 P は，A を出発し，毎秒2cm の速さで辺 AB 上を B まで動き，B で停止する。点 Q は，点 P と同時に D を出発し，毎秒2cm の速さで辺 DA 上を A まで動き，A で停止する。点 R は，最初 D の位置にあり，点 Q が A に到着すると同時に D を出発し，毎秒3cm の速さで辺 DC 上を C まで動き，C で停止する。このとき，それぞれの問いに答えなさい。

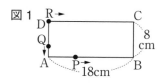
図1

〈山形県〉

(1) 図2のように，3点 P，Q，R を結び，△PQR をつくる。点 P が A を出発してから x 秒後の△PQR の面積を $y$cm² として，点 P，Q，R が全て停止するまでの x と y の関係を表に書きだしたところ，表1のようになった。あとの問いに答えなさい。

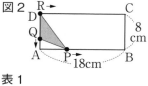
図2

表1

x	0	…	4	…	10
y	0	…	32	…	72

① 点 P が A を出発してから3秒後の△PQR の面積を求めなさい。

〔　　　　　〕

② 表2は，点 P，Q，R が全て停止するまでの x と y の関係を式に表したものである。 ア ～ ウ にあてはまる数または式を，それぞれ書きなさい。

また，このときの x と y の関係を表すグラフを，図3にかきなさい。

ア〔　　　　　〕
イ〔　　　　　〕
ウ〔　　　　　〕

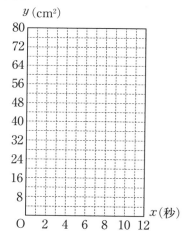
図3

表2

x の変域	式
$0 \leqq x \leqq 4$	$y=$ イ
$4 \leqq x \leqq$ ア	$y=$ ウ
ア $\leqq x \leqq 10$	$y=72$

(2) 図4のように，長方形 ABCD の対角線 AC をひき，点 P と R を結ぶ。線分 PR が対角線 AC の中点を通るのは，点 P が A を出発してから何秒後か，求めなさい。

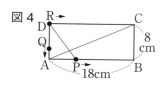
図4

〔　　　　　〕

4 ある自動車会社では，テストコースを使って，急ブレーキをかけたときの停止距離を測定する実験を行った。この実験では，停止距離を空走距離と制動距離の和として考える。

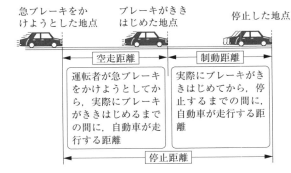

急ブレーキをかけようとした地点　ブレーキがききはじめた地点　停止した地点

空走距離　　制動距離

運転者が急ブレーキをかけようとしてから，実際にブレーキがききはじめるまでの間に，自動車が走行する距離

実際にブレーキがききはじめてから，停止するまでの間に，自動車が走行する距離

停止距離

　この実験の結果，急ブレーキをかけようとしてから，実際にブレーキがききはじめるまでの時間はつねに 0.8 秒であり，ブレーキがききはじめるまでは自動車は減速せず一定の速さのまま走行した。

　また，ブレーキがききはじめた地点での自動車の速さを秒速 x m として，そのときの制動距離を y m とすると，y は x の 2 乗に比例し，x と y の関係は次の式で決まることがわかった。

〈長野県〉

$$y = 0.1x^2$$

(1) 制動距離について，次のようにまとめた。 ① にあてはまる数を求めなさい。また， ② にあてはまる式を，次のア～ウから 1 つ選び，記号を書きなさい。

　　ブレーキがききはじめた地点での自動車の速さが 2 倍になると，制動距離は ① 倍になる。

　　また，ブレーキがききはじめた地点での自動車の速さが，秒速 5m と秒速 10m のときの制動距離の差を pm，秒速 10m と秒速 15m のときの制動距離の差を qm とすると，p と q の間には ② という関係が成り立つ。

　ア　$p<q$　　　イ　$p=q$　　　ウ　$p>q$

① 〔　　　　　　〕　② 〔　　　　　　　　　〕

(2) 空走距離が 16m のとき，停止距離を求めなさい。

〔　　　　　　　　　〕

＋差がつく (3) 停止距離が 24m のとき，急ブレーキをかけようとした地点での自動車の速さを求めなさい。ただし，急ブレーキをかけようとした地点での自動車の速さを秒速 am として，a の方程式と計算過程を書き，方程式の解が問題の条件に合っているかどうかも確かめること。

6 放物線と直線に関する問題

栄光の視点

この単元を最速で伸ばすオキテ

- 放物線と直線の交点と原点でつくる三角形の面積を求める問題が多い。交点は連立方程式で求め，三角形は切片を利用して分割する方法を身につけておこう。
- 面積の比の問題では，面積を計算しなくても比の利用で解ける場合もある。三角形の底辺と高さについて理解しておこう。

覚えておくべきポイント

原点を通る放物線の式は，あと 1 点の座標がわかればよい

- $y = ax^2$ に $(x,\ y)$ の値を代入して a の値を求める。
  - $\Rightarrow$ $y = ax^2$ に a の値を代入し，$y = ax^2$ を決定する。

放物線と直線の交点は，連立方程式を解いて求める

例　放物線 $y = 2x^2$，直線 $y = 2x + 4$ の交点
  - $\Rightarrow 2x^2 = 2x + 4 \Rightarrow x^2 - x - 2 = 0 \Rightarrow (x - 2)(x + 1) = 0$
  - $\Rightarrow x = 2,\ -1 \Rightarrow$ 交点の座標は $(2,\ 8)$，$(-1,\ 2)$ の 2 点。
- 交点は重解の場合を除いて，2 つある。

原点と放物線上の 2 点 A，B を結ぶ三角形の面積

- 直線 AB と y 軸との交点を C とする（点 C の y 座標は直線 AB の切片）。
- 三角形を直線 OC で △AOC と △BOC に分ける。
- OC を底辺とし，点 A，B の x 座標の値を高さとして，三角形の面積を求める。

三角形の面積の比

- 底辺が共通（or 等しい）のときは，面積の比は高さの比。
- 高さが共通（or 等しい）のときは，面積の比は底辺の比。
- 辺の比は，x（y）座標間の長さでも得られる。
- 相似比 $a : b \Rightarrow$ 2 乗すると面積比 $a^2 : b^2$

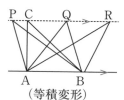

（等積変形）

先輩たちのドボン

三角形の面積を，長方形をつくって求めようとして，手間取ってしまった

縦や横で切って分割すればあっさり解けたのに…と悔やむ人が後をたたない。
ケースごとの解き方をちゃんと覚えておこう。

問題演習

1 右の図において，m は $y = ax^2$（a は正の定数）のグラフを表す。A は x 軸上の点であり，A の x 座標は -5 である。B，C は m 上の点であり，B の x 座標は A の x 座標と等しく，C の y 座標は B の y 座標と等しい。ℓ は 2 点 A，C を通る直線であり，その傾きは $\dfrac{3}{5}$ である。a の値を求めなさい。 〈大阪府〉

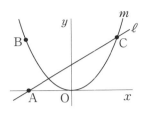

$$[\qquad\qquad]$$

2 右の図において，曲線は関数 $y = \dfrac{1}{2}x^2$ のグラフで，直線は関数 $y = ax + 2$（$a < 0$）のグラフです。直線と曲線との交点のうち x 座標が負である点を A，正である点を B とし，直線と y 軸との交点を C とします。また，曲線上に x 座標が 3 である点 D をとります。 〈埼玉県〉

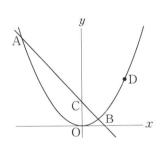

+よくでる (1) △OCD の面積を求めなさい。
ただし，座標軸の単位の長さを 1cm とします。

$$[\qquad\qquad]$$

+差がつく (2) △ADC の面積が，△CDB の面積の 4 倍になるとき，a の値を求めなさい。

$$[\qquad\qquad]$$

3 右の図のように，関数 $y = ax^2$ …⑦ のグラフ上に 2 点 A，B があり，点 A の座標が $(2, 2)$，点 B の座標が $(-4, p)$ である。 〈三重県〉

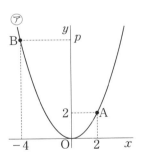

+必ず得点 (1) a，p の値を求めなさい。

$$[\qquad\qquad]$$

+よくでる (2) 関数⑦について，x の変域が $-1 \leqq x \leqq 3$ のときの y の変域を求めなさい。

$$[\qquad\qquad]$$

+差がつく (3) x 軸上に点 C をとり，△ABC をつくる。△ABC の面積が△OAB の面積の $\dfrac{2}{3}$ 倍になるとき，点 C の座標を求めなさい。ただし，原点を O とし，点 C の x 座標は点 A の x 座標より小さいものとする。

$$[\qquad\qquad]$$

4 右の図のように，関数 $y = ax^2$ のグラフ上に2点 A，B があり，2点 A，B の x 座標はそれぞれ -3，6である。また，2点 O，B を通る直線の傾きは $\dfrac{3}{2}$ である。2点 A，B を通る直線と y 軸との交点を C とする。

このとき，次の問い(1)～(3)に答えなさい。

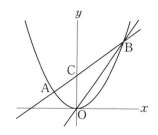

〈京都府〉

🖋よくでる (1) a の値を求めなさい。

〔　　　　　　　〕

(2) 直線 AB の式を求めなさい。

〔　　　　　　　〕

(3) x 軸上に x 座標が正である点 D をとる。点 D を通り，傾きが $\dfrac{6}{25}$ である直線と y 軸との交点を E とする。△OCA ＝ △OED であるとき，2点 D，E の座標をそれぞれ求めなさい。

〔　　　　　　　〕

5 右の図のように，2つの関数 $y = x^2$ ……①，$y = \dfrac{1}{3}x^2$ ……② のグラフがあります。②のグラフ上に点 A があり，点 A の x 座標を正の数とします。点 A を通り，y 軸に平行な直線と①のグラフとの交点を B とし，点 A と y 軸について対称な点を C とします。点 O は原点とします。

次の問いに答えなさい。

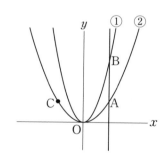

〈北海道〉

✔必ず得点 (1) 点 A の x 座標が2のとき，点 C の座標を求めなさい。

〔　　　　　　　〕

(2) 点 B の x 座標が6のとき，2点 B，C を通る直線の傾きを求めなさい。

〔　　　　　　　〕

➕差がつく (3) 点 A の x 座標を t とします。△ABC が直角二等辺三角形となるとき，t の値を求めなさい。

〔　　　　　　　〕

6 図Ⅰのように，関数 $y = ax^2$ …① のグラフと直線 ℓ が2点A，Bで交わっている。点Aの座標は（−2，2），点Bの x 座標は1である。

このとき，次の(1)～(3)の問いに答えなさい。〈宮崎県〉

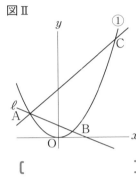
図Ⅰ

✓必ず得点 (1) a の値を求めなさい。

〔　　　　　　〕

✎よくでる (2) 直線 ℓ の式を求めなさい。

〔　　　　　　〕

(3) 図Ⅱは，図Ⅰにおいて，関数①のグラフ上に点Cをとり，2点A，Cを通る直線をひいたものである。点Cの x 座標は自然数で，線分AC上の点で x 座標が整数となる点の個数は7個である。

このとき，次の①，②の問いに答えなさい。

① 点Cの座標を求めなさい。

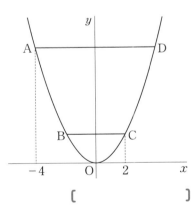
図Ⅱ

〔　　　　　　〕

＋差がつく ② 直線 ℓ と直線OCの交点をPとするとき，△AOPと△PBCの面積の比を，最も簡単な整数の比で答えなさい。

〔　　　　　　〕

7 右の図は，関数 $y = \dfrac{1}{2}x^2$ のグラフで，点A，B，C，Dはこのグラフ上にある。点Aの x 座標は−4，点Cの x 座標は2であり，線分ADと線分BCはともに x 軸に平行である。このとき，次の(1)～(3)の問いに答えなさい。〈高知県〉

✎よくでる (1) 点Dの座標を求めなさい。

〔　　　　　　〕

✎よくでる (2) 2点A，Cを通る直線の式を求めなさい。

〔　　　　　　〕

(3) 点Bを通る直線をひき，線分AC，ADと交わる点をそれぞれE，Fとする。△EBCと△EFAの面積の比が 16：25 であるとき，点Eの座標を求めなさい。

〔　　　　　　〕

8 図のように，関数 $y=ax^2$ のグラフ上に
2点 A，B があり，点 A の座標は $(-3, 3)$，
点 B の x 座標は 4 である。直線 AB 上
の点で，x 座標と y 座標の値が等しい点
を C とするとき，次の問いに答えなさい。

〈兵庫県〉

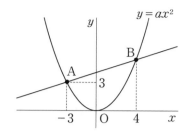

必ず得点 (1) a の値を求めなさい。

〔 〕

よくでる (2) 直線 AB の式を求めなさい。

〔 〕

(3) 点 C の座標を求めなさい。

〔 〕

思考力 (4) 図の放物線上を，点 P が点 A を出発して点 B まで動く。次のア～エ
から正しいものを 1 つ選んで，その符号を書きなさい。

ア　点 P が原点 O にあるとき，線分 CP の長さは最長となる。

イ　点 P が原点 O にあるとき，△ACP の面積は最大となる。

ウ　∠APC＝90° にはならない。

エ　直線 CP の傾きは 1 より大きくなることがある。

〔 〕

9 右の図のように，関数 $y=\dfrac{1}{2}x^2$ のグラフ
上に 2点 A，B があり，点 A の x 座標は -3，
点 B は点 A と y 軸について対称である。

このとき，次の問いに答えなさい。　〈富山県〉

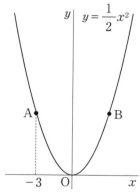

必ず得点 (1) 関数 $y=\dfrac{1}{2}x^2$ について，x の変域が
$-3 \le x \le 4$ のときの y の変域を求めな
さい。

〔 〕

(2) y 軸上に点 C を，四角形 OBCA がひし形となるようにとる。

よくでる ① 直線 AC の式を求めなさい。

〔 〕

差がつく ② 線分 AC 上に点 D をとる。△ODA と四角形 OBCA の面積比が
$1:4$ となるとき，点 D の座標を求めなさい。

〔 〕

10 右の図のように，関数 $y = ax^2$ $(a>0)$ のグラフ上に3点 A，B，C があり，点 A の座標は $(6, 9)$，点 B の x 座標は4，点 C の x 座標は -4 である。

次の(1)～(3)の問いに答えなさい。　〈大分県〉

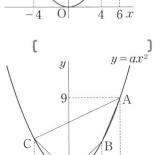

✔️必ず得点 (1) a の値を求めなさい。

👆よくでる (2) 直線 AC の式を求めなさい。

➕差がつく (3) 点 B を通り，四角形 OBAC の面積を2等分する直線の式を求めなさい。

---

11 右の図において，①は関数 $y = ax^2$ $(a>0)$ のグラフであり，②は関数 $y = -\dfrac{1}{2}x^2$ のグラフである。2点 A，B はそれぞれ放物線①，②上の点であり，その x 座標はともに -4 である。点 C は，放物線①上の点であり，その x 座標は2である。

このとき，次の(1)～(3)の問いに答えなさい。

〈静岡県〉

✔️必ず得点 (1) x の変域が $-1 \leqq x \leqq 4$ であるとき，関数 $y = -\dfrac{1}{2}x^2$ の y の変域を求めなさい。

👆よくでる (2) 点 B を通り，直線 $y = -x+2$ に平行な直線の式を求めなさい。

➕差がつく (3) 点 C を通り y 軸に平行な直線と放物線②との交点を D とし，直線 BO と直線 CD との交点を E とする。直線 AC と y 軸との交点を F とする。四角形 ABOF の面積と△EBD の面積の比が $8:3$ となるときの，a の値を求めなさい。求める過程も書きなさい。

7 直線と図形に関する問題

栄光の視点

この単元を最速で伸ばすオキテ

- 面積比と線分の比を求める問題が多い。さまざまな図形の性質と計算の力が必要になる。
- できたら，頭の中で問題を解く方針をおさらいしてみるとよい。面積を直接求めるか，比を使うならどことどこの比を使うかなど，見通しをつけてから着手したい。

覚えておくべきポイント

- **2直線の交点の座標**
  - ・2直線の式を連立方程式として解いて求める。
- **直線の中点の座標**…x座標，y座標それぞれの平均。

  例　2点 $(x_1,\ y_1)$，$(x_2,\ y_2)$ の中点 $\Rightarrow \left(\dfrac{x_1 + x_2}{2},\ \dfrac{y_1 + y_2}{2} \right)$

- **座標上の三角形の面積**
  - ・x軸，y軸と平行な辺があれば，それを底辺と見て，面積を考える。
  - ・三角形の頂点を通る長方形（辺がx軸，y軸と平行）をかいて，長方形から余分な三角形の面積をひく。
- **三角形の等積変形**
  - ・三角形の頂点を通り，底辺と平行な直線上の点と底辺でつくる三角形は，どれも面積は同じ。
- **面積を2等分する直線**
  - ・三角形…頂点と対辺の中点を通る直線。
  - ・平行四辺形（正方形・ひし形）…対角線の交点を通る直線。
  - ・実際に面積を求める場合もある。

先輩たちのドボン

- **四角形の面積の2等分で，解答の方針を誤り，時間をロスしてしまった**
  面積の出せる問題であったので，その方法で解いたが，むだな時間を使ってしまった，という失敗をよく見る。最初の方針をはっきり決めて進めるとよいだろう。

問題演習

1 図で, O は原点, 四角形 ABCD は平行四辺形で, A, C は y 軸上の点, 辺 AD は x 軸に平行である。また, E は直線 $y=x-1$ 上の点である。

+ 差がつく

点 A, B の座標がそれぞれ(0, 6), (−2, 2) で, 平行四辺形 ABCD の面積と△DCE の面積が等しいとき, 点 E の座標を求めなさい。

ただし, 点 E の x 座標は正とする。　〈愛知県〉

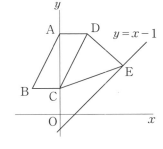

[　　　　　　　　]

2 図のように2点 A(−1, 2), B(2, 8)がある。2点 A, B を通る直線と y 軸との交点を C とし, x 軸を対称の軸として, 点 C を対称移動した点を D とする。

◆よくでる

このとき, (1)〜(4)の各問いに答えなさい。

〈佐賀県〉

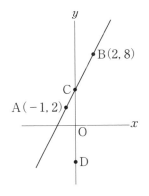

(1)　2点 A, B を通る直線の式を求めなさい。

[　　　　　　　　]

(2)　点 D の座標を求めなさい。

[　　　　　　　　]

(3)　△ABD の面積を求めなさい。

[　　　　　　　　]

+ 差がつく　(4)　x 軸上に点 P がある。△ABP の面積が△ABD の面積と等しくなるような点 P の x 座標をすべて求めなさい。

[　　　　　　　　]

3 図で O は原点，A は y 軸上の点，B，C は直線 $y = \dfrac{1}{2}x + 4$ 上の点で，△AOC の面積は△ABO の面積の 2 倍，△ABC の面積は△BOC の面積の 3 倍である。

点 B の x 座標が -4 のとき，原点 O を通り，四角形 ABOC の面積を 2 等分する直線の式を求めなさい。

〈愛知県〉

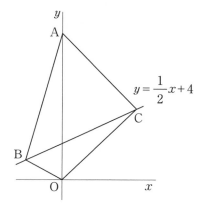

[　　　　　　　]

4 右の図のように，2 つの関数

$$y = \dfrac{5}{2}x + 1 \quad \cdots\cdots ⑦$$

$$y = -x + 8 \quad \cdots\cdots ⑦$$

のグラフがある。

点 A は関数⑦，⑦のグラフの交点，点 B は関数⑦のグラフと y 軸との交点である。また，関数⑦のグラフと x 軸，y 軸との交点をそれぞれ C，D とする。

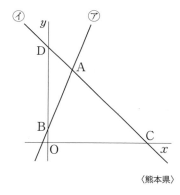

〈熊本県〉

✔必ず得点 **(1)** 点 A の座標を求めなさい

[　　　　　　　]

(2) 四角形 ABOC の内部にあり，x 座標，y 座標がともに自然数である点の個数を a 個とする。また，△ADB の内部にあり，x 座標，y 座標がともに自然数である点の個数を b 個とする。

このとき，$a - b$ の値を求めなさい。ただし，それぞれの図形の辺上の点は含まないものとする。

[　　　　　　　]

5 右の図1のように，2直線 ℓ，m があり，点 A（12，12）で交わっている。ℓ の式は $y=x$ であり，m の傾きは -3 である。また，m と x 軸との交点を B とする。

このとき，次の(1)，(2)の問いに答えなさい。

図1

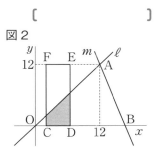

〈福島県〉

PART 3
関数

7

直線と図形に関する問題

🖐よくでる (1) 点 B の座標を求めなさい。

〔　　　　　　〕

(2) 右の図2のように，△AOB の辺 OB 上に点 C をとり，四角形 CDEF が長方形となるように 3 点 D，E，F をとる。ただし，D は x 軸上にとり，D の x 座標は C の x 座標より 4 だけ大きく，E の y 座標は 12 とする。

また，C の x 座標を t とし，△AOB と長方形 CDEF が重なっている部分の面積を S とする。

図2

① $t=8$ のとき，S の値を求めなさい。

〔　　　　　　〕

② $S=34$ となる t の値をすべて求めなさい。

〔　　　　　　〕

6 右の図のように，3 点 A（6，5），B（-2，3），C（2，1）を頂点とする△ABC がある。

このとき，(1)～(3)の各問いに答えなさい。　　〈佐賀県〉

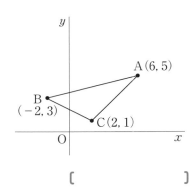

✔必ず得点 (1) △ABC の面積を求めなさい。

〔　　　　　　〕

(2) 点 A を通り，直線 BC に平行な直線の式を求めなさい。

〔　　　　　　〕

➕差がつく (3) 直線 OC 上に点 P をとり，△OPB と四角形 OCAB の面積が等しくなるようにする。このとき，点 P の座標を求めなさい。

ただし，点 P の x 座標は正とする。

〔　　　　　　〕

右の図で，直線①，直線②，直線③の式は，
それぞれ

$$y = 2x + 1$$
$$y = \frac{1}{2}x - 2$$
$$y = ax + b \quad (a, b \text{ は定数，} a < 0)$$

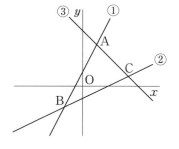

である。点 A は直線①と直線③の交点で，
点 A の座標は（3，7）である。点 B は，
直線①と直線②の交点である。点 C は，直線②と直線③の交点である。

　次の(1)，(2)は最も簡単な数で，(3)は指示にしたがって答えなさい。〈福岡県〉

(1)　直線②と x 軸の交点を D とし，線分 OD の中点を E とする。

　　y 軸上に点 F を AF＋FE の長さが最も短くなるようにとるとき，点
F の y 座標を求めなさい。

〔　　　　　　　　　〕

＋差がつく　(2)　x 軸上の $x<0$ に対応する部分に点 G を，△ABC の面積と△GBC の面
積が等しくなるようにとるとき，点 G の x 座標を求めなさい。

〔　　　　　　　　　〕

思考力　(3)　点 B から直線③に垂線をひき，直線③との交点を H とする。

　　AH＝CH となるとき，点 C の x 座標を t とし，方程式をつくって点
C の座標を求めなさい。

　　解答は，解く手順にしたがってかくこと。

PART 4

平面図形

1 図形の相似

栄光の視点

 この単元を最速で伸ばすオキテ

- 三角形の相似が特に多く出題される。三角形の合同条件との違いにも注意しながら，相似条件は完璧に理解しておきたい。
- 相似は，円がらみでも，また空間図形でも頻出なので，絶対にマスターしておく。
- 相似では，比例式も多用される。必ず復習しておこう。

覚えておくべきポイント

- 相似とは，図形の形を変えないまま，縦横を同じ比率で拡大・縮小した図形と元の図形との関係をいう。この比率を相似比という。
  - ・コピー機の拡大・縮小を想起すれば分かりやすい。
  - ・相似の図形の性質：①対応する角の大きさは，等しい。
    - ②対応する辺の長さの比は，等しい（相似比）。
- **三角形の相似条件**
  - ・2つの三角形は，次の各場合に，相似（な関係）であるといえる。
    - ◇ 2組の角がそれぞれ等しい。
    - ◇ 2組の辺の比とその間の角がそれぞれ等しい。
    - ◇ 3組の辺の比がすべて等しい。
- **相似であることの証明は，図形の条件から，上記の相似条件を導き出すことでできる**
  - ・証明の書き方を理解しておく。
  - ・平面図形の性質を利用する。
    - 例 平行四辺形の性質，円の性質，…。

> [相似の証明の定型]
> $\triangle ABC$と$\triangle DEF$において，
> 　　　…より，$\angle A = \angle D$　…①
> 　　　…より，$\angle B = \angle E$　…②
> ①，②より，2組の角がそれぞれ等しいので，
> 　　　$\triangle ABC \backsim \triangle DEF$　（証明終わり）

 先輩たちのドボン

- **「2つの角がそれぞれ等しい」という条件を使って，証明しようとしたが，片方が導けなかったので，減点された**
  相似条件を導くには，平面図形の知識が必須となる。実際の問題では，いろいろな形で出題されるので，それらの知識も確認しておきたい。

問題演習

1 右の図のように，△ABC と△CDE があります。△ABC∽△CDE で，3点 A, C, E は，この順に一直線上にあり，2点 B，D は直線 AE に対して同じ側にあります。

線分BE と辺CD の交点をP とするとき，△BCP∽△EDP であることを証明しなさい。

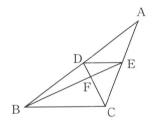

〈岩手県〉

PART 4
平面
図形

1

図形の相似

2 ✔必ず得点 右の図は，△ABC において，辺 AB 上に点 D を，辺 AC 上に点 E を BC∥DE となるようにとり，線分 CD と線分 BE との交点を F としたものである。このとき，図の中には相似な三角形の組が複数ある。そのうちの1組を選び，それが相似であることを証明しなさい。

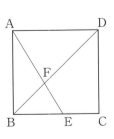

〈鹿児島県〉

3 右の図のように，1辺が 6cm の正方形 ABCD の辺 BC 上に点 E がある。AE と BD の交点を F とする。次の問いに答えなさい。

〈和歌山県〉

(1) ✎よくでる BE：EC=3：2 のとき，AF：FE を求めなさい。

〔　　　　　〕

(2) ∠BFE=∠BEF のとき，BF の長さを求めなさい。

〔　　　　　〕

4 右の図のように，∠ABC＝90°，BC ＝12cm の直角三角形 ABC があり，辺 AB 上に点 P，辺 BC 上に点 Q，辺 CA 上に点 R を，四角形 PBQR が正方形となるようにとると，AP ＝2cm であった。〈佐賀県〉

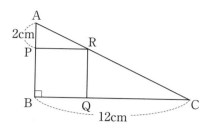

✔ 必ず得点 (1) △APR∽△ABC より AP：AB＝□□□が成り立つ。□□□にあてはまるものを次の①〜④の中から1つ選び，番号を書きなさい。

① AC：AR ② PR：QC ③ PR：BC ④ AR：RC

[ ]

(2) 正方形 PBQR の1辺の長さを求めなさい。

ただし，正方形 PBQR の1辺の長さを $x$cm として x についての方程式をつくり，答えを求めるまでの過程も書きなさい。

[ ]

5 図1のような AD∥BC の台形 ABCD があります。対角線 AC と対角線 BD との交点を E とします。また，辺 BC の中点を F，線分 BE の中点を G とし，点 F と点 G を結びます。

図1
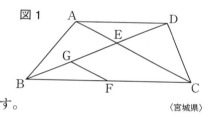
〈宮城県〉

(1) △ADE∽△FBG であることを証明しなさい。

[ ]

(2) 図2は図1において，点 A と点 F を結び，線分 AF と対角線 BD との交点を H としたものです。辺 AD と辺 BC の長さの比が 5：8 のとき，次の①，②の問いに答えなさい。

図2
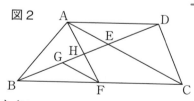

① 線分 EH と線分 HG の長さの比を求めなさい。

[ ]

② 点 C と点 H を結びます。△ADE の面積が 25cm² のとき，四角形 CFGH の面積を求めなさい。

[ ]

6 右の図のように，AB＝4cm，AD＝8cm，∠ABC＝60°の平行四辺形 ABCD がある。辺 BC 上に点 E を，BE＝4cm となるようにとり，線分 EC 上に点 F を，∠EAF＝∠ADB となるようにとる。また，線分 AE と対角線 BD との交点を G，線分 AF と対角線 BD との交点を H とする。〈愛媛県〉

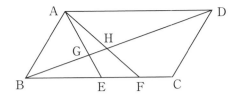

(1) △AEF∽△DAB であることを証明せよ。

(2) 線分 AF の長さを求めよ。

[   ]

思考力 (3) △AGH の面積を求めよ。

[   ]

7 右の図1のように，△ABC の∠A の二等分線と辺 BC との交点を D とします。〈埼玉県〉

(1) AB：AC＝BD：DC が成り立つことを証明しなさい。

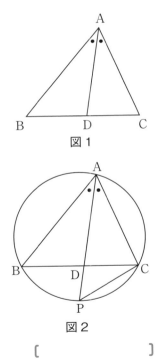

図1

(2) 右の図2のように，3点 A，B，C を通る円をかき，線分 AD を延長した直線との交点を P とします。AB＝5cm，AC＝4cm，CP＝√5cm のとき，次の①，②に答えなさい。

図2

よくでる ① 線分 BP の長さを求めなさい。

[   ]

＋差がつく ② 線分 AD の長さを，途中の説明も書いて求めなさい。

8 右の図のように，AB＝6cm，BC＝9cm，CA ＝8cm の△ABC がある。∠A の二等分線が辺 BC と交わる点を D とするとき，線分 BD の長 さは何 cm ですか。　　　　　　　　〈長崎県〉

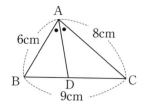

〔　　　　　　　　　〕

9 右図の△ABC は AB＝AC＝1cm，∠BAC＝36° の二 等辺三角形であり，点 D は∠ABC の二等分線と辺 AC の交点である。次の(1)〜(3)に答えなさい。

〈島根県〉

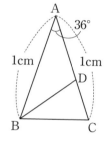

(1)　∠BDC の大きさを求めなさい。

〔　　　　　　　　　〕

(2)　辺 BC と同じ長さの線分をすべて答えなさい。

〔　　　　　　　　　　　〕

(3)　BC＝$x$cm として，x を求めるための方程式をつくりなさい。また， このときの x の値を求めなさい。

式〔　　　　　　　　　　〕

xの値〔　　　　　　　〕

10 右の図のように，円周上に4点 A，B，C， D をとり，線分 AC と BD との交点を P と します。

このとき，PA：PD＝PB：PC であること を証明しなさい。　　　　　　　〈埼玉県〉

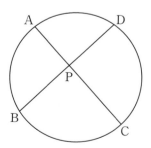

11 右の図のような円があり，異なる3点A，B，Cは円周上の点で，AB＝ACである。線分AC上に2点A，Cと異なる点Dをとり，直線BDと円との交点のうち，点Bと異なる点をEとする。また，点Aと点E，点Bと点Cをそれぞれ結ぶ。

　このとき，次の(1)，(2)の問いに答えなさい。

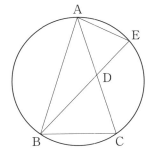

〈香川県〉

よくでる (1)　△ADE∽△BDC であることを証明しなさい。

$$\Bigg[\qquad\qquad\qquad\qquad\qquad \Bigg]$$

(2)　点Cと点Eを結ぶ。線分BE上にEC＝EFとなる点Fをとり，直線CFと円との交点のうち，点Cと異なる点をGとする。点Eと点Gを結ぶとき，△ACE≡△GEF であることを証明しなさい。

$$\Bigg[\qquad\qquad\qquad\qquad\qquad \Bigg]$$

12 右の図のように，線分ABを直径とする円Oがある。円Oの周上に点Cをとり，BC＜ACである三角形ABCをつくる。三角形ACDがAC＝ADの直角二等辺三角形となるような点Dをとり，辺CDと直径ABの交点をEとする。また，点Dから直径ABに垂線をひき，直径ABとの交点をFとする。このとき，次の問いに答えなさい。

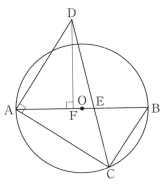

〈高知県〉

(1)　△ABC∽△DAF を証明しなさい。

$$\Bigg[\qquad\qquad\qquad\qquad\qquad \Bigg]$$

(2)　AB＝10cm，BC＝6cm，CA＝8cmとするとき，線分FEの長さを求めなさい。

$$\Bigg[\qquad\qquad \Bigg]$$

2 平面図形と三平方の定理

栄光の視点

 この単元を最速で伸ばすオキテ

- 直角三角形を見たら，三平方の定理を思いだそう。当然だが，斜辺がいちばん長いことに注意する。2次方程式の解が出るが，長さなので負の値は捨てる。
- 決まった値の組は，暗記しておくと，時間の節約になる。
- 補助線を引いて，直角三角形をつくる場合もあることを知っておこう。

覚えておくべきポイント

- **三平方の定理とは，直角三角形の3辺の長さの関係を表す公式**
  - 右図の直角三角形 ABC で，
    次の関係が成り立つ。
    $$a^2 + b^2 = c^2, \quad c = \sqrt{a^2 + b^2} \quad (c > 0)$$
  - （直角三角形で，斜辺の平方は，他の2辺の平方の和に等しい。）

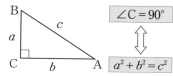

- **平面図形での長さの代表的な求め方**
  - 図形の定義・定理を利用する。
  - 合同関係で，等しいことを利用する。
  - 相似関係で，比が等しいことを利用する。
  - 直角三角形で，三平方の定理を利用する。

- **直角三角形を発見したり，つくったりして，三平方の定理を利用する**
  - 三角形では，頂点から垂線を下ろすと直角三角形ができる。
  - 円では，直径の両端と円周上の点を結ぶと直角三角形ができる。
  - 円では，中心から弦に垂線を下ろすと直角三角形ができる。
    などなど。

- **代表的な直角三角形の長さの関係は，計算しないですむように，覚えておく**
  - 三角定規の3辺の比……$(1, \ 1, \ \sqrt{2})$, $(1, \ 2, \ \sqrt{3})$
  - その他　　　　　……$(3, \ 4, \ 5)$, $(5, \ 12, \ 13)$ （最長が斜辺の長さ）

先輩たちのドボン

🔁 斜辺が最長であるのに，別の辺と間違えてしまった

2つの辺が3cm, 4cmなので，おもわず残りの辺を5cmとしたが，斜辺ではなかった。意外とあり得るミスなので注意。ミスを集めたノートでもつけて防止する。

問題演習

1 右の図のようなAB＝ACの二等辺三角形ABCがある。辺AC上に2点A，Cと異なる点Dをとり，点Cを通り辺BCに垂直な直線をひき，直線BDとの交点をEとする。
　AB＝5cm，BC＝CE＝6cmであるとき，△BCDの面積は何cm²か。　〈香川県〉

〔　　　　　〕

2 右の図のように，関数 $y=\dfrac{12}{5}x$ ……① のグラフ上に点Aがあります。点Aのx座標を5とします。点Aからx軸に垂線をひき，x軸との交点をBとします。点Oは原点とします。次の(1)，(2)に答えなさい。　〈北海道〉

よくでる (1) 線分OAの長さを求めなさい。

〔　　　　　〕

よくでる (2) 線分AB上に点Cをとり，点Cを通り線分OAに垂直な直線と線分OAとの交点をDとします。
　AD＝3となるとき，2点O，Cを通る直線の式を求めなさい。

〔　　　　　〕

3 右の図のような長方形 ABCD があり，AD =12cm，BD =13cm である。辺 AB 上に点 E を BE=2cm となるようにとり，2 点 C，E を通る直線と対角線 BD との交点を F とする。また，長方形 ABCD の対角線の交点を G とし，点 G を通り直線 AB に平行な直線と直線 CE との交点を H とする。

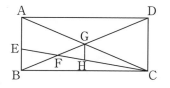

このとき，次の問いに答えなさい。

〈京都府〉

よくでる (1) 辺 AB の長さを求めなさい。また，EF：FH を最も簡単な整数の比で表しなさい。

辺ABの長さ〔　　　　　〕　　比〔　　　　　〕

(2) 2 点 D，E を通る直線と対角線 AC との交点を I とするとき，四角形 EFGI の面積を求めなさい。

〔　　　　　〕

4 右の図のように，五角形 ABCDE があり，AB=BC，AC=CD，AD=DE，∠ABC= ∠ACD=∠ADE=90° である。

また，線分 CE と線分 BD の交点を F とする。

このとき，次の問いに答えなさい。ただし，AB=1cm とする。

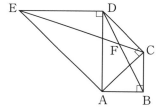

〈福井県〉

よくでる (1) CE の長さを求めなさい。

〔　　　　　〕

(2) △BCD∽△CDE であることを証明しなさい。

（証明欄）

よくでる (3) △CDF の面積を求めなさい。

〔　　　　　〕

5 右の図で，3点 A，B，C は円 O の周上，点 D は円 O の内部の点であり，△OAB，△BCD は正三角形である。線分 BD の延長と円 O の交点を E とする。

次の(1)～(3)に答えなさい。 〈山口県〉

✔必ず得点 (1) ∠EAD = 18° のとき，∠ADE の大きさを求めなさい。

〔   〕

✿よくでる (2) △ABD ≡ △OBC であることを証明しなさい。

✚差がつく (3) AB = √21 cm，BC = 6cm のとき，2点 A，C を結ぶ線分 AC の長さを求めなさい。

〔   〕

6 右の図は，線分 AB を直径とする半円で，点 O は AB の中点である。⌢AB 上に点 C を，⌢AC の長さが ⌢BC の長さより長くなるようにとる。点 D は線分 AC 上にあって DO⊥OC である。

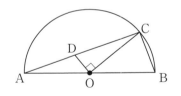

このとき，次の各問いに答えなさい。ただし，根号がつくときは，根号のついたままで答えること。 〈熊本県〉

✔必ず得点 (1) △ABC ∽ △CDO であることを証明しなさい。

(2) AB = 6cm，BC = 2cm のとき，
① 線分 CD の長さを求めなさい。

〔   〕

② △AOD の面積を求めなさい。

〔   〕

3 三角形

栄光の視点

 この単元を最速で伸ばすオキテ

▷ 三角形は図形の第一歩ともいえる図形。内角・外角・重心などの用語や，中点連結定理などをよく理解しておこう。

▷ 角度の問題では内角の和が $180°$ であること，辺の長さの問題では相似比の利用など，重要なことがらが詰まっている（分野も多岐にわたる）。

▷ 計算は難度が高いとはいえないので，考え方の方が重要な単元。

覚えておくべきポイント

▷ **三角形の基本性質をマスターする**

· 3つの角の和は $180°$

· 1つの外角は，それと隣り合わない2つの内角の和に等しい。

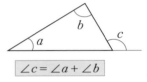
$\angle c = \angle a + \angle b$

▷ **三角形の合同条件を暗記しておこう（相似条件は P.82）**

· 2つの三角形は，次のうちのどれかが成り立つとき，合同である。

◇ 3組の辺がそれぞれ等しい。

◇ 2組の辺とその間の角がそれぞれ等しい。

◇ 1組の辺とその両端の角がそれぞれ等しい。

· 実際の証明で使うので，覚えておく。

▷ **中点連結の定理を理解しよう**

· 三角形の2つの辺の中点を結んだ線分は，他の1辺に平行で，長さは半分である。

▷ **三角形の面積を 2 等分する直線は，次の方法で考える**

· 三角形の頂点と，向かい合った辺の中点を通る直線。

· 三角形の重心を通る直線。

· 方程式などで面積を直接計算して，求める。

 先輩たちのドボン

▷ **三角形の合同の証明で，書き方がまずくて，減点されてしまった**

三角形の合同の証明問題の書式はほぼ決まっている。根拠の示し方の不備で減点されたといった失敗をよく見るので，気をつけよう。証明の書き方は，教科書などで確認し，しっかり覚えておこう。

問題演習

1 右の図のように，正三角形 ABC の内側に点 D を とり，△DBC の外側に BD，DC を 1 辺とする正 三角形 BDE，DCF をつくり，点 A と点 E，F を それぞれ結ぶとき，次の問いに答えなさい。〈青森県〉

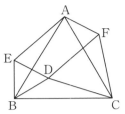

よくでる (1) △AEB と△CDB が合同になることを次のように証明した。 あ ～ う にあてはまる辺や角やことばを入れなさい。

[証明]

　△AEB と△CDB について

　仮定より，AB = あ 　…①

　　　　　　BE = BD …②，∠EBD = ∠ABC …③

　また，∠EBA = ∠EBD − い 　…④

　　　　　∠DBC = ∠ABC − い 　…⑤

　③，④，⑤より，∠EBA = ∠DBC …⑥

　①，②，⑥から， う がそれぞれ等しいので

　　　　△AEB ≡ △CDB

　　あ〔　　　　　　〕　　い〔　　　　　　　　〕

　　う〔　　　　　　〕

(2) 四角形 AEDF が正方形になるとき，∠DBC の大きさを求めなさい。

〔　　　　　　　　〕

2 右の図のように，2 つの正三角形 ABC， CDE がある。頂点 A，D を結んで△ACD をつくり，頂点 B，E を結んで△BCE を つくる。このとき，△ACD ≡ △BCE であ ることを証明しなさい。〈新潟県〉

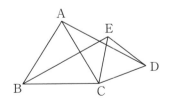

93

3 右の図のように，AB＝BC＝6cm の直角二等辺三角形 ABC を，頂点 A が辺 BC の中点 M に重なるように折りました。折り目の直線と辺 AB との交点を D とします。このとき，線分 BD の長さは何 cm ですか。なお，答えを求める過程も分かるように書きなさい。

〈広島県〉

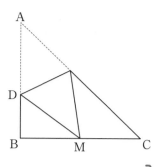

4 右の図で，△BDC と△ACE はともに正三角形である。また，線分 AD と BE との交点を F，AD と辺 BC との交点を G とする。

次の(1)，(2)の問いに答えなさい。 〈岐阜県〉

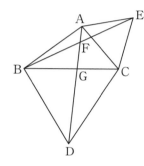

(1) △ADC≡△EBC であることを証明しなさい。

(2) AB＝4cm，AC＝4cm，BC＝6cm のとき，

① DG の長さを求めなさい。

〔　　　　　　　　〕

② EF の長さを求めなさい。

〔　　　　　　　　〕

5 右の図のように，三角形 ABC があり，辺 AB の中点を D とする。

また，辺 AC を 3 等分した点のうち，点 A に近い点を E，点 C に近い点を F とする。

さらに，線分 CD と線分 BE との交点を G，線分 CD と線分 BF との交点を H とする。

三角形 BGD の面積を S，四角形 EGHF の面積を T とするとき，S と T の比を最も簡単な整数の比で表しなさい。

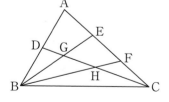

〈神奈川県〉

〔　　　　　　　　〕

6 右の図のように，△ABC がある。辺 BC 上に BD：DC＝1：2 となる点 D をとる。点 D を通り辺 AB と平行な直線と辺 AC との交点を E とし，線分 AD の中点を F とする。また，線分 CE 上にあり，点 C，点 E のいずれにも一致しない点 G をとり，直線 FG と辺 AB，線分 DE との交点をそれぞれ H，I とする。

このとき，次の(1)，(2)の問いに答えなさい。

〈茨城県〉

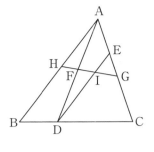

✔必ず得点 (1) △AHF≡△DIF であることを証明しなさい。

$$\left[\right]$$

(2) HG∥BC のとき，四角形 IDCG の面積は，△ABC の面積の何倍か求めなさい。

〔　　　　　　　〕

---

7 右の図において，△ABC は AB＝AC の二等辺三角形であり，点 D，E はそれぞれ辺 AB，AC の中点である。

また，点 F は直線 DE 上の点であり，EF＝DE である。

このとき，次の(1)，(2)の問いに答えなさい。

〈福島県〉

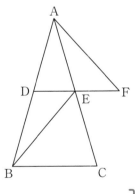

👆よくでる (1) AF＝BE であることを証明しなさい。

$$\left[\right]$$

✚差がつく (2) 線分 BF と線分 CE との交点を G とする。

△AEF において辺 AF を底辺とするときの高さを x，△BGE において辺 BE を底辺とするときの高さを y とするとき，$x：y$ を求めなさい。

〔　　　　　　　〕

4 平面図形の基本性質

栄光の視点

 この単元を最速で伸ばすオキテ

- 多角形の内角の和, 外角の和はよく出題される。公式のつくり方を知って, 角の求め方を理解しておこう。
- 補助線の引き方も覚えておく必要がある。補助線1本で簡単に解ける問題もある。

覚えておくべきポイント

- **平行線と錯角・同位角, そして対頂角**
  - ・平行線と交わる直線の錯角・同位角はそれぞれ等しい。
  - ・対頂角は等しい。
  - ・平行線と折れ線の組み合わせでは, 折れ線の頂点から平行線を引いて, 錯角・同位角を利用する。
- **n 角形の内角の和・外角の和**
  - ・n 角形の内角の和 $= 180° \times (n-2)$
  - ・n 角形の外角の和 $= 360°$ （n の値は無関係）
- **三角形の内角と外角の関係**
  - ・三角形の外角は, その角と隣り合わない2つの内角の和に等しい。

    これは, 角度を扱う場合の必須アイテム。

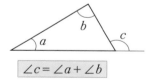

$$\angle c = \angle a + \angle b$$

- **n 角形の対角線の本数**
  - ・n 角形の対角線の本数 $= \dfrac{n(n-3)}{2}$ （本）

- **等積変形…図形を, 面積を変えないまま変形すること**
  - ・三角形の等積変形…1つの頂点を通り, 底辺と平行な直線上で, 頂点を移動する。
  - ・多角形を, 面積を変えずに三角形に変形できる。

先輩たちのドボン

- **覚えるべきポイントを覚えきれず, 計算に時間がかかった**
  「三角形の内角と外角の関係」のような小さなテクニックの積み重ねで, 時間に余裕ができ, 得点アップにもつながる。小さな工夫を大切にしていきたい。

問題演習

1 次の問いに答えなさい。

✔ 必ず得点

(1) 右の図のような△ABC があります。
∠x の大きさを求めなさい。 〈北海道〉

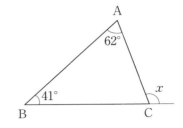

〔　　　　　〕

(2) 右の図のように, 3つの直線が交わっている。
∠x の大きさが何度か, 求めなさい。 〈兵庫県〉

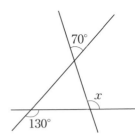

〔　　　　　〕

(3) 右の図において, ∠x の大きさを求めなさい。
〈長崎県〉

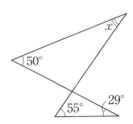

〔　　　　　〕

(4) 右の図で, ∠x の大きさを求めなさい。〈石川県〉

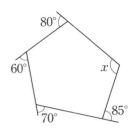

〔　　　　　〕

(5) 右の図において, ∠x の大きさは何度か,
求めなさい。 〈兵庫県〉

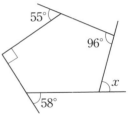

〔　　　　　〕

2 次の問いに答えなさい。

✔ 必ず得点 (1) 右の図は，5つの頂点が円周上にある正五角形 ABCDE である。このとき，∠x の大きさを求めなさい。 〈富山県〉

[　　　　　]

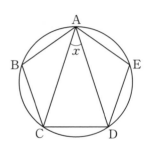

＋ 差がつく (2) 右の図のように，四角形 ABCD があり，点 E は∠ABC の二等分線と辺 CD の交点，点 F は∠BAD の二等分線と線分 BE の交点である。∠ADC = 80°，∠BCD = 74° のとき，∠x の大きさを求めなさい。 〈秋田県〉

[　　　　　]

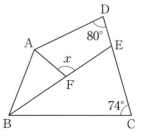

✎ よくでる (3) 右の図において，△ABC は AB = AC の二等辺三角形であり，∠B = 65° である。点 D，E はそれぞれ辺 AB，AC 上の点であり，点 F は直線 BC，DE の交点である。また，∠CFE = 30° である。
このとき，∠DEA の大きさを求めなさい。 〈山梨県〉

[　　　　　]

3 次の問いに答えなさい。

✔ 必ず得点 (1) 右の図において，ℓ // m のとき，∠x の大きさを求めなさい。 〈富山県〉

[　　　　　]

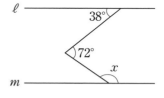

(2) 右の図において，2直線 AB，CD は平行であり，2点 E，F はそれぞれ直線 AB，CD 上の点である。点 G は，2直線 AB，CD の内側の点である。∠BEG = 124°，∠EGF = 107° のとき，∠GFC の大きさを求めなさい。 〈静岡県〉

[　　　　　]

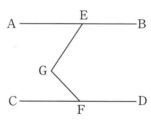

4 次の問いに答えなさい。

✓必ず得点 (1) 右の図で，2直線 ℓ，m は平行である。
このとき，∠x の大きさを求めなさい。
〈秋田県〉

〔　　　　　　〕

(2) 右の図で，$\ell /\!/ m$ のとき，∠x の大きさを求めなさい。 〈山口県〉

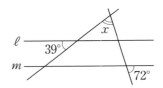

〔　　　　　　〕

(3) 図のように4本の直線があり，$\ell /\!/ m$ である。
このとき，∠x の大きさは何度か，求めなさい。 〈愛知県〉

〔　　　　　　〕

(4) 右の図で，$\ell /\!/ m$ のとき，∠x の大きさは何度か，求めなさい。 〈兵庫県〉

〔　　　　　　〕

(5) 次の図で，2直線 ℓ，m は平行であり，点 D は∠BAC の二等分線と直線 m との交点である。
このとき，∠x の大きさを求めよ。 〈京都府〉

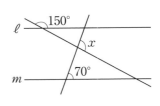

〔　　　　　　〕

〔　　　　　　〕

5 四角形

栄光の視点

 この単元を最速で伸ばすオキテ

- 四角形では，特に平行四辺形が使われることが多い。もちろん，他の四角形とあわせて，定義と性質を理解しておこう。対角線の性質も忘れずにまとめておこう。
- 平行四辺形は，三角形の相似な図形をつくりやすい。いろいろな角度から見る必要がある。

覚えておくべきポイント

四角形の基本。定義・性質・対角線

・定義と性質（定理）は正しく覚えておこう。

	正方形	長方形	ひし形	平行四辺形	台形
辺の長さ	4つの辺が等しい	2組の対辺が等しい	4つの辺が等しい	2組の対辺が等しい	
角の大きさ	4つの角が90°	4つの角が90°	2組の対角が等しい	2組の対角が等しい	
対辺が平行かどうか	2組の対辺が平行	2組の対辺が平行	2組の対辺が平行	2組の対辺が平行	1組の対辺が平行

平行四辺形の隣り合う角の和は180°

・同側内角（平行四辺形の隣り合う角）の和は180°である。

四角形の面積を二等分する直線

・正方形・長方形・ひし形・平行四辺形では，対角線の交点を通る直線。
・台形は，上底と下底の中点を結ぶ線分の中点を通り，かつ上底と下底と交わる直線。

先輩たちのドボン

折り返しの図形で，角の等しくなることを見落とした。ていねいに記号をつけておけばよかった

何度も図形を見ているうちに，一度確かめたところも忘れてしまう場合がある。印をつけておけば，このミスは防ぐこともできるので，印をうまく活用しよう。

問題演習

1 次の問いに答えなさい。

✔ 必ず得点 **(1)** 右の図のような，辺 AD が辺 AB より
長い平行四辺形 ABCD がある。

∠BCD の二等分線と辺 AD との交点を
E とする。

∠CED＝50° であるとき，∠ABC の大
きさは何度か，求めなさい。　〈香川県〉

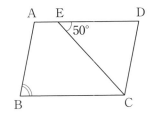

〔　　　　　　　　〕

🖋 よくでる **(2)** 図で，四角形 ABCD は長方形であり，E，
F はそれぞれ辺 DC，AD 上の点である。
また，G は線分 AE と FB との交点である。

∠GED＝68°，∠GBC＝56° のとき，∠AGB
の大きさは何度か，求めなさい。　〈愛知県〉

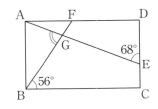

〔　　　　　　　　〕

🖋 よくでる **(3)** 右の図のように，∠ADC＝50° の平
行四辺形 ABCD がある。辺 AD 上に
CD＝CE となるように点 E をとる。

∠ACE＝20° のとき，∠x の大きさ
を求めなさい。ただし，AB<AD とする。

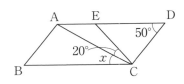

〈和歌山県〉

〔　　　　　　　　〕

✚ 差がつく **(4)** 右の図のように，長方形 ABCD があり，
辺 AB の中点を E とする。

また，辺 BC 上に点 F を BF：FC＝2：1
となるようにとり，辺 AD 上に点 G を，線
分 DE と線分 FG が垂直に交わるようにとる。

さらに，線分 DE と線分 FG との交点を H とする。

AB＝2cm，BC＝3cm のとき，線分 GH の長さを求めなさい。〈神奈川県〉

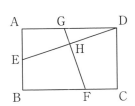

〔　　　　　　　　〕

2 右の図のように，平行四辺形 ABCD の辺 BC 上に点 E がある。BA＝BE，∠ABE＝70°，∠CAE＝20°のとき，∠x の大きさを求めなさい。 〈石川県〉

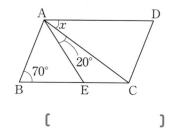

〔　　　　　　　　〕

3 右の図のように，長方形 ABCD を対角線 AC で折り，頂点 B が移動した点を B′，AD と B′C の交点を E とする。次の(1)，(2)の問いに答えなさい。 〈群馬県〉

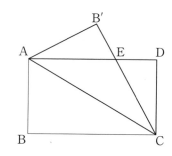

(1) △EAC が二等辺三角形であることを証明しなさい。

(2) もとの長方形 ABCD において，AB＝6cm，BC＝10cm とする。AE の長さを求めなさい。

〔　　　　　　　　〕

4 右の図で，四角形 ABCD は長方形，E は辺 AD 上の点，F，G はともに辺 BC 上の点で，EF⊥AC，EG⊥BC である。また，H，I はそれぞれ線分 AC と EF，EG との交点である。
AB＝4cm，AD＝6cm，AE＝4cm のとき，次の問いに答えなさい。 〈愛知県・改〉

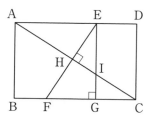

(1) 線分 FG の長さは何 cm か，求めなさい。

〔　　　　　　　　〕

(2) 四角形 HFGI の面積は長方形 ABCD の面積の何倍か，求めなさい。

〔　　　　　　　　〕

6 円の性質

栄光の視点

 この単元を最速で伸ばすオキテ

- 円の内部で，角度を求める問題は，いくつかの公式をあてはめて考えれば必ず解ける。解けなかったら，どの公式の知識がなかったか確認しておくこと。
- 円の中では，合同な図形や相似な図形ができやすいので，角や辺の大きさを求めるのに役に立つ。

📖 **覚えておくべきポイント**

- **角度を求めるには，いくつかの公式を組み合わせる。どう組み合わせるかを発見できるかが鍵となる**
  - ①中心角は，弧の長さに比例する。
  - ②等しい弧に対する円周角は等しい。
  - ③円周角は，等しい弧に対する中心角の半分である。
  - ④直径に対する円周角は直角である。
  - ⑤円に内接する四角形の向かい合った角の和は 180° である。
- **補助線を引くこともあるので，慣れておきたい**
- **気づきにくい円周角と中心角**
  - ・円周角の辺が，中心をまたがないとき，注意（右図）。
- **半径や円周角が等しいことなどを利用して，三角形の合同や相似を証明する**

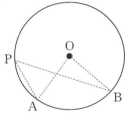

 先輩たちのドボン

- **補助線を引いて直角三角形をつくることに気づけず，角度を求めるのに時間がかかってしまった**
  問題をある量こなしておかないと発見しにくい場合もあるので，パターンはしっかり理解し，練習しておく必要がある。

問題演習

1 次の問いに答えなさい。

✓必ず得点 (1) 右の図の円 O において，∠x の大きさを求めなさい。
〈群馬県〉

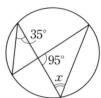

〔　　　　　〕

✓必ず得点 (2) 右の図のような円において，∠x の大きさを求めなさい。
〈長崎県〉

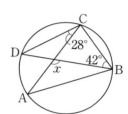

〔　　　　　〕

✓必ず得点 (3) 右の図で，A，B，C，D は円周上の点で，AB＝AC です。
このとき，∠x の大きさを求めなさい。〈岩手県〉

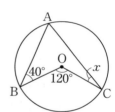

〔　　　　　〕

✓必ず得点 (4) 右の図で，3 点 A，B，C は円 O の周上にある。∠x の大きさを求めよ。
〈奈良県〉

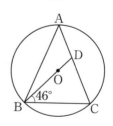

〔　　　　　〕

✓よくでる (5) 右の図において，3 点 A，B，C は円 O の周上の点で，AB＝AC である。
また，点 D は線分 BO の延長と線分 AC との交点である。
このとき，∠BDC の大きさを求めなさい。
〈神奈川県〉

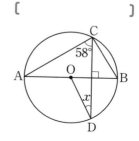

〔　　　　　〕

✓よくでる (6) 右の図のように，線分 AB を直径とする円 O の周上に 2 点 C，D があり，AB⊥CD である。
∠ACD＝58° のとき，∠x の大きさを求めなさい。
〈和歌山県〉

〔　　　　　〕

2 次の問いに答えなさい。

必ず得点 (1) 右の図において，点 A，B，C，D は円 O の
円周上の点で，線分 AC は円 O の直径である。
∠x の大きさを求めなさい。　〈長野県〉

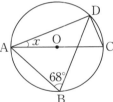

必ず得点 (2) 右の図の円 O で，∠x の大きさを求めなさい。
ただし，線分 BD は円の直径である。　〈福井県〉

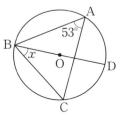

よくでる (3) 右の図のように，円 O の円周上に 5 つの点 A，
B，C，D，E があり，線分 BE は円 O の直径
である。また，線分 AC と BD の交点を P とする。
∠BPC＝103°，∠PCD＝72° であるとき，∠x
の大きさを答えなさい。　〈新潟県〉

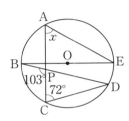

必ず得点 (4) 右の図で，4 点 A，B，C，D は円 O の周上
にあり，AC は円 O の直径である。
∠CAD＝72° のとき，x の値を求めなさい。
〈岐阜県〉

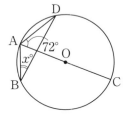

必ず得点 (5) 右の図のように，円 O の円周上に 5 つの点 A，
B，C，D，E があり，線分 AC と BD は円の中心
O で交わっている。
∠AED＝134° であるとき，∠x の大きさを答
えなさい。　〈新潟県〉

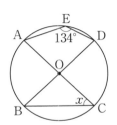

3　次の問いに答えなさい。

✓必ず得点 (1)　右の図で，3点 A，B，C は円 O の周上にある。
∠x の大きさを求めなさい。　　　〈奈良県〉

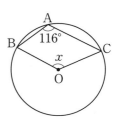

〔　　　　　　　　〕

✓必ず得点 (2)　右の図で，3点 A，B，C は円 O の周上にあり，
AB＝AC である。このとき，∠x の大きさを求
めなさい。　　　〈京都府〉

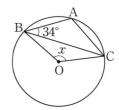

〔　　　　　　　　〕

✓必ず得点 (3)　右の図で，4点 A，B，C，D は円 O の周
上の点であり，線分 BC は円 O の直径である。
∠ADB＝41°のとき，∠ABC の大きさを求
めなさい。　　　〈秋田県〉

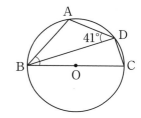

〔　　　　　　　　〕

✓必ず得点 (4)　右の図のように，△ABC の辺 AB を直径と
する円 O をかき，辺 AC との交点を D とする。
∠BAD＝55°，∠DBC＝15°のとき，∠BCD
の大きさを求めなさい。　　　〈山梨県〉

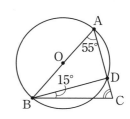

〔　　　　　　　　〕

✎よくでる (5)　図で，A，B，C，D は円 O の周上の点
であり，E は直線 AD と BC との交点であ
る。
∠ACB＝58°，∠DEC＝41°のとき，∠DBC
の大きさは何度か，求めなさい。　　　〈愛知県〉

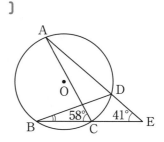

〔　　　　　　　　〕

4 次の問いに答えなさい。

✔ 必ず得点 (1) 右の図において，AB＝AC のとき，∠x の大きさを求めなさい。ただし，点 O は円の中心であり，3 点 A，B，C は円 O の周上の点である。〈鳥取県〉

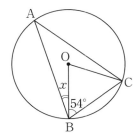

〔　　　　　　　〕

✔ 必ず得点 (2) 右の図で，3 点 A，B，C が円 O の周上にあるとき，∠x の大きさを求めなさい。〈岩手県〉

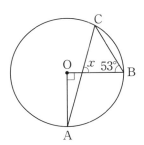

〔　　　　　　　〕

(3) 右の図のように，円 O の周上に 3 点 A，B，P があり，∠APB＝75° である。円周角 ∠APB に対する $\overparen{AB}$ の長さが 4π cm であるとき，円 O の周の長さを求めなさい。〈京都府〉

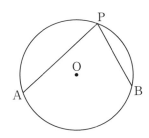

〔　　　　　　　〕

✎ よくでる (4) 右の図で，5 点 A，B，C，D，E は，円 O の周上にあり，$\overparen{BC}＝\overparen{CD}＝\overparen{DE}$ である。
このとき，∠BAD の大きさを求めなさい。〈茨城県〉

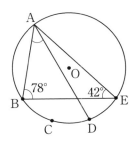

〔　　　　　　　〕

5 右の図において，3点 A，B，C は円 O の円周上の点であり，BC は円 O の直径である。$\overset{\frown}{AC}$ 上に点 D をとり，点 D を通り AC に垂直な直線と円 O の交点を E とする。また，DE と AC，BC との交点をそれぞれ F，G とする。

このとき，次の(1)，(2)の問いに答えなさい。

〈静岡県〉

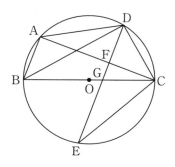

よくでる (1) △DAC∽△GEC であることを証明しなさい。

$$\left[\right]$$

(2) $\overset{\frown}{AD}:\overset{\frown}{DC}=3:2$，∠BGE＝70° のとき，∠EDC の大きさを求めなさい。

〔　　　　　　　〕

6 右の図1で，△ABC は，各頂点が円 O の周上にある三角形である。

次の各問いに答えなさい。〈都立併設型中高一貫校・改〉

必ず得点 (1) 図1において，円 O の半径が 2cm で，△ABC が正三角形であるとき，△ABC の面積は何 cm² か，求めなさい。

〔　　　　　　　〕

図1

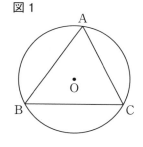

よくでる (2) 右の図2は，図1において，点 D を頂点 A を含まない $\overset{\frown}{BC}$ 上にとり，頂点 A と点 D，頂点 B と点 D をそれぞれ結び，線分 AD と辺 BC の交点を E とした場合を表している。

ただし，点 D は，頂点 B，頂点 C のいずれにも一致しない。

AB＝AC のとき，△ABE∽△ADB であることを証明しなさい。

図2

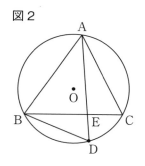

7 平行線と比

栄光の視点

💡 この単元を最速で伸ばすオキテ

 アルファベットが次々と出てくるので，比の対応関係には特に注意したい。
計算の順序に気をつける。特に，符号や累乗の計算でのミスに注意したい。

📖 覚えておくべきポイント

 平行な直線に2つの直線が交わるとき

・右図で，$a:b=c:d$

$\qquad a:c=b:d$

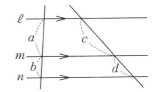

 三角形では，次の関係が成り立つ

・右図で，$a:b=c:d$

$\qquad g:a=h:c=f:e$

・台形の場合は，補助線を引いて平行四辺形をつくる。

※別冊「解答・解説」のP49 ②(2)(3)の解説を参照

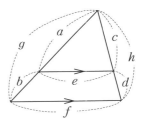

 次の関係も成り立つ

・右図で，上下の三角形は相似である。

$\qquad a:d=b:e=c:f$

$\qquad a:b:c=d:e:f$

・対応の関係に注意。

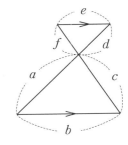

💣 先輩たちのドボン

 三角形の辺の比で，辺の比の対応をまちがえた

右図で，$a:c=\underline{b}:d$ としてしまうことがある。

正しくは，$a:c=e:d$。

この形を見たら，「ここは注意」と指差し確認をする

といい。

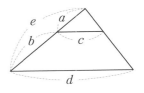

問題演習

1 次の問いに答えなさい。

(1) 右の図のような5つの直線があります。直線 l, m, n が $l \parallel m$, $m \parallel n$ であるとき, x の値を求めなさい。 〈北海道〉

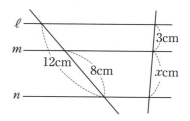

[　　　　　　　]

(2) 右の図において, $DE \parallel BC$ であるとき, x, y の値をそれぞれ求めなさい。 〈群馬県〉

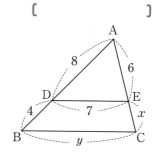

x [　　　　　　] y [　　　　　　]

(3) 図で, D, E はそれぞれ△ABC の辺 AB, AC 上の点で, $DE \parallel BC$ である。
$AD = 2cm$, $BC = 10cm$, $DE = 4cm$ のとき, 線分 DB の長さは何 cm か, 求めなさい。 〈愛知県〉

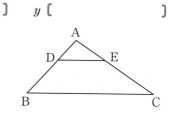

[　　　　　　]

(4) 右の図で, $DE \parallel BC$ のとき, 線分 DE の長さを求めなさい。 〈岩手県〉

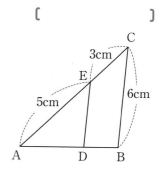

[　　　　　　]

2 次の問いに答えなさい。

〔よくでる〕 (1) 右の図において，四角形 ABCD は AD∥BC
の台形であり，点 E，F はそれぞれ辺 AB，CD
の中点である。

AD＝3cm，BC＝11cm のとき，線分 EF の
長さを求めなさい。　　　　　　　　　〈秋田県〉

〔よくでる〕 (2) 右の図で，四角形 ABCD は，AD∥BC
の台形です。EF∥BC のとき，線分 EF の
長さを求めなさい。　　　　　　　　　〈岩手県〉

〔　　　　　　〕

＋差がつく (3) 右の図のように，AD∥BC，AD：BC＝
2：5 の台形 ABCD がある。辺 AB 上に，
AP：PB＝2：1 となる点 P をとり，点 P
から辺 BC に平行な直線を引き，辺 CD と
の交点を Q とする。PQ＝16cm のとき，x
の値を答えなさい。　　　　　　　　　〈新潟県〉

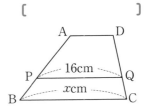

〔　　　　　　〕

✔必ず得点 (4) 右の図で，AD∥BC であるとき，x の値
を答えなさい。　　　　　　　　　　　〈新潟県〉

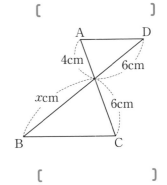

〔　　　　　　〕

3 次の問いに答えなさい。

✔️ 必ず得点 (1) 右の図において，AB∥CD であり，点 E は線分 AD と BC の交点である。AB＝6cm，AE＝4cm，ED＝6cm のとき，線分 CD の長さを求めなさい。

〈秋田県〉

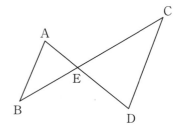

〔　　　　　〕

🖋 よくでる (2) 右の図で，△ABC の辺 AB と△DBC の辺 DC は平行である。また，E は辺 AC と DB との交点，F は辺 BC 上の点で，AB∥EF である。

AB＝6cm，DC＝4cm のとき，線分 EF の長さは何 cm か。求めなさい。〈愛知県〉

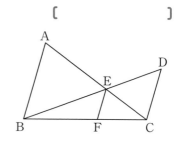

〔　　　　　〕

🖋 よくでる (3) 右の図のように，AB，CD，EF が平行で，AB＝15cm，EF＝3cm の図形がある。CD の長さを求めなさい。

〈長野県〉

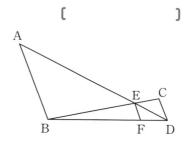

〔　　　　　〕

➕ 差がつく (4) 右の図において，AB∥CD，AB∥EF，BG＝GH＝HD，AB＝2cm，CD＝4cm とし，EF＝xcm とする。x の値を求めなさい。

〈沖縄県〉

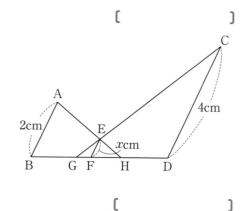

〔　　　　　〕

8 作図

栄光の視点

 この単元を最速で伸ばすオキテ

⤵ 出題される作図は,「覚えておくべきポイント」にあげた 3 つの作図の組み合わせによって,かくことができる。

⤵ 出題された作図を,どうやって 3 つの作図に分解するかを学んでおこう。

📖 **覚えておくべきポイント**

⤵ **線分の垂直二等分線の作図**…右の図で,線分 AB の垂直二等分線を作図する。

① 線分の両端の点 A,B を,それぞれ中心として,等しい半径の円をかく。

② この 2 円の交点を P,Q とし,直線 PQ をひく。

[参考] 正三角形（60°の角）のかき方 ⇨ ①で,AP,BP を AB と等しくすれば,△APB は正三角形。

⤵ **角の二等分線の作図**…右の図で,∠XOY の二等分線を作図する。

① 点 O を中心とする円をかき,直線 OX,OYとの交点を,それぞれ P,Q とする。

② 2 点 P,Q を,それぞれ中心として等しい半径の円をかく。

③ その交点を R とし,直線 OR をひく。

[参考] 45°の角のかき方 ⇨ 直角を二等分する。

⤵ **垂線の作図**…下図で,点 P を通る直線 XY の垂線を作図する。

① 点 P を中心とする円をかき,直線 XY との交点を A,B とする。

② 2 点 A,B をそれぞれ中心として,等しい半径の円をかく。

③ その交点を Q とし,直線 PQ をひく。

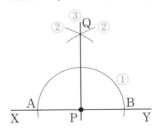

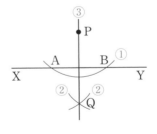

問題演習

1 次の図を作図しなさい。

よくでる (1) 右の図において、直角三角形 PQR は、直角三角形 ABC を回転移動したものである。このとき、回転の中心 O を作図しなさい。ただし、作図に用いた線は消さずに残しておくこと。 〈愛媛県〉

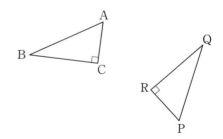

よくでる (2) 右の図において、点 A は辺 OX 上の点であり、点 B は辺 OY 上の点である。∠AOP = ∠BOP であり、2 点 B, P 間の距離が最も短くなる点 P を作図しなさい。ただし、作図には定規とコンパスを使用し、作図に用いた線は残しておくこと。 〈静岡県〉

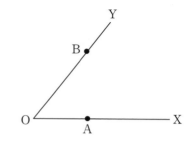

よくでる (3) 右の図のように、△ABC の辺 AB 上に点 D がある。中心が∠ABC の二等分線上にあり、点 D で辺 AB に接する円について、その円の中心 O を、定規とコンパスを使って作図しなさい。ただし、作図に用いた線は消さないこと。 〈山口県〉

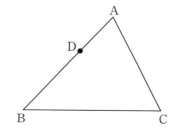

差がつく (4) 右の図において、△ABC は、∠ABC = 90° の直角三角形であり、点 D は、△ABC の外部の点である。下の【条件】の①、②をともに満たす点 P を、定規とコンパスを使って作図しなさい。ただし、作図に使った線は残しておくこと。 〈山形県〉

【条件】
① 点 P は、直線 BD 上にある。
② ∠APB = ∠ACB である。

2 次の図を作図しなさい。

＋差がつく (1) 右の図のように，△ABC の辺 AB 上に点 P があります。点 P を通る直線を折り目として，点 A が辺 BC に重なるように △ABC を折ります。このとき，折り目となる直線をコンパスと定規を使って作図しなさい。

ただし，作図するためにかいた線は，消さないでおきなさい。　〈埼玉県〉

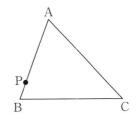

よくでる (2) 右の図のような△ABC がある。2 辺 AB，AC からの距離が等しく，点 C から最短の距離にある点 P を作図によって求め，P の記号をつけなさい。

ただし，作図に用いた線は残しておくこと。　〈富山県〉

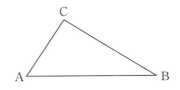

思考力 (3) 右の図のように，半直線 OX，OY と点 P がある。点 P を通る直線をひき，半直線 OX，OY との交点をそれぞれ A，B とする。このとき，OA＝OB となるように直線 AB を作図しなさい。また，2 点の位置を示す文字 A，B も書きなさい。

ただし，三角定規の角を利用して直線をひくことはしないものとし，作図に用いた線は消さずに残しておくこと。　〈千葉県〉

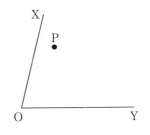

よくでる (4) 右の図で，△ABC は鋭角三角形で，△PBC は∠BPC＝∠BAC，∠BCP＝90° の直角三角形である。

∠ABP＜∠ABC のとき，右下に示した図をもとにして，点 P を定規とコンパスを用いて作図によって求め，点 P の位置を示す文字 P も書きなさい。

ただし，作図に用いた線は消さないでおくこと。　〈都立新宿高〉

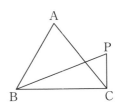

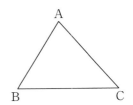

3 次の図を作図しなさい。

✔必ず得点 (1) 右の図は，円の一部です。この円の中心を作図によって求め，•印で示しなさい。

ただし，作図には定規とコンパスを用い，作図に使った線は消さないでおくこと。 〈岩手県〉

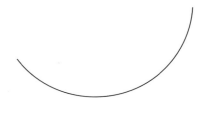

🖊よくでる (2) 右の図において，3つの線分 AB，BC，CD のすべてに接する円の中心 P を定規とコンパスを用いて作図して求め，その位置を点 • で示しなさい。ただし，作図に用いた線は消さずに残しておくこと。 〈長崎県〉

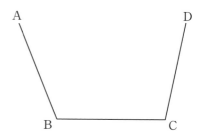

(3) 右の図のように，円 O と直線 ℓ がある。円 O の周上にある点で，直線 ℓ までの距離が最も短くなるような点 P をコンパスと定規を用いて作図しなさい。

ただし，作図に用いた線は消さないこと。 〈群馬県〉

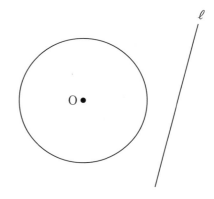

🖊よくでる (4) 右の図は，円と円の外部の点 A を表している。この図をもとにして，点 A から円への 2 本の接線を作図しなさい。

ただし，作図に用いた線は消さないでおくこと。 〈都立国立高〉

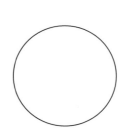

PART

5

空間図形

1 空間図形の基礎

栄光の視点

💡 この単元を最速で伸ばすオキテ

🔖 錐体の計算が多い。柱体の体積の $\dfrac{1}{3}$ になることに注意する。

🔖 円錐の側面積の公式など，簡単な公式を知っていると心強い。

📘 覚えておくべきポイント

🔖 **投影図・展開図・見取り図**

[投影図]

・立面図…(前から)立っている面を見た図

・平面図…(上から)平面を見た図

[展開図]…ある点から立体を切り開いて平面上に伸ばしたもの。

[見取り図]…立体を立体図形らしく平面に表した見かけの図。

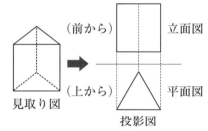

🔖 **立体の体積 V（底面積 S, h：高さ）**

・角柱・円柱… $V = Sh$ ・角錐・円錐… $V = \dfrac{1}{3}Sh$

🔖 **立体の表面積**…表面積は展開図をイメージして計算する。

・角柱・円柱…側面積＋底面積×2

・角錐・円錐…側面積＋底面積

・円錐の側面積 ＝ $\pi R r$　（R：側面の展開図のおうぎ形の半径, r：底面の円の半径）

🔖 **立体でも相似比は利用できる**…相似比・面積の比・体積の比の関係。

・相似な図形においては，対応する部分について，次の関係が成り立つ。

例　（相似比）　⇨　$2 : 3$　（＝長さの比）

（面積の比）　⇨　$2^2 : 3^2 = 4 : 9$

（体積の比）　⇨　$2^3 : 3^3 = 8 : 27$

相似比	$a : b$
面積の比	$a^2 : b^2$
体積の比	$a^3 : b^3$

🔖 **立体の体積の比を，高さの比に還元する**

右図の場合，三角錐 AECD と三角錐 BECD の体積の比は，共通の底面を△ECD と考えて，高さの比（＝ $a : b$）に還元できる。

立体 AECD：立体 BECD ＝ $a : b$

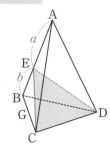

⤵ 回転体の体積 *V*

・回転の軸からの距離が立体の底面（円）の半径。
・円柱・円錐の組み合わせで求められる。

問題演習

1 次の問いに答えなさい。

(1) 右の図のように，底面の半径が3cm，高
さ4cm，母線の長さが5cmの円錐がある。
次の①，②に答えなさい。　　　　〈和歌山県〉

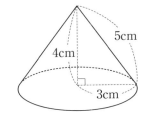

✔必ず得点 ① この円錐の体積を求めなさい。ただし，
円周率はπとする。

〔　　　　　　　　〕

② この円錐の展開図を作図したとき，側面のおうぎ形の形として最も
近いものを，次のア〜エの中から1つ選び，その記号を書きなさい。

ア　　　　　　イ　　　　　　ウ　　　　　　エ

〔　　　　　　　　〕

✔必ず得点 (2) 右の図は，三角柱 ABCDEF である。
辺 AB とねじれの位置にある辺は，何本あるか答
えなさい。　　　　　　　　　　　　　〈富山県〉

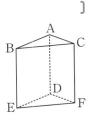

〔　　　　　　　　〕

✔必ず得点 (3) 右の図1のような円錐があり，図2は図1の円
錐の展開図である。図2において，図1における
側面の展開図は半円であり，その直径は12cmで
ある。このとき，円錐の底面の円の半径を求めな
さい。　　　　　　　　　　　　　　　〈高知県〉

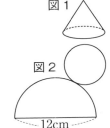

〔　　　　　　　　〕

✔必ず得点 (4) 右の図は半径 *r*cm の球を切断してできた半
球で，切断面の円周の長さは4πcm であった。
このとき，*r* の値を求めなさい。また，この
半球の体積は何 cm³ か。ただし，π は円周率
とする。　　　　　　　　　　　　　〈鹿児島県〉

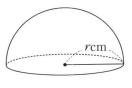

r〔　　　　　　　　〕　　体積〔　　　　　　　　〕

2 　右の図は，底面の半径が $2a$cm で高さが $h$cm の円錐と，底面の半径が $a$cm で高さが $2h$cm の円柱である。円錐の体積は円柱の体積の何倍か，求めなさい。 〈秋田県〉

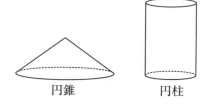

円錐　　　　円柱

〔　　　　　　　〕

3 　右の図において，立体 A－BCD は三角錐である。△BCD は 1 辺の長さが 6cm の正三角形であり，AB＝AC＝AD＝9cm である。E は辺 AD 上の点であり，AE：ED＝2：3 である。F は，E を通り辺 CD に平行な直線と辺 AC との交点である。G は，F を通り辺 AB に平行な直線と辺 BC との交点である。
　　このとき，次の問いに答えなさい。 〈大阪府・改〉

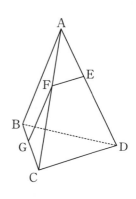

✔必ず得点 (1)　次のア〜オのうち，辺 CD とねじれの位置にある辺はどれですか。1 つ選び，記号で答えなさい。
　　　ア　辺 AB　　イ　辺 AC　　ウ　辺 AD　　エ　辺 BC　　オ　辺 BD

〔　　　　　　　〕

✔必ず得点 (2)　△ACD の内角∠CAD の大きさを a° とするとき，△ACD の内角∠ACD の大きさを a を用いて表しなさい。

〔　　　　　　　〕

✎よくでる (3)　線分 GC の長さを求めなさい。

〔　　　　　　　〕

4 次の問いに答えなさい。

🐦よくでる (1) 右の図のような，AB＝BC＝BD＝6cm，
∠ABC＝∠ABD＝∠CBD＝90° の 三 角 錐
ABCD があり，辺 AD 上に AP：PD＝1：2
となる点 P をとります。

このとき，三角錐 PBCD の体積を求めな
さい。〈埼玉県〉

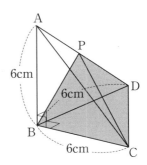

🐦よくでる (2) 右の図のように，三角錐 OABC の辺上に
3 点 D，E，F があり，三角錐 OABC が平面
DEF で 2 つの部分 P，Q に分けられている。
底面 ABC と平面 DEF が平行で，AB：DE
＝5：2 であるとき，Q の体積は P の体積の
何倍か，求めなさい。〈徳島県〉

〔　　　　　　　〕

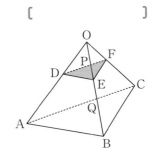

✔必ず得点 (3) 右の図は，三角柱の投影図である。この三角
柱の体積を求めなさい。〈千葉県〉

〔　　　　　　　〕

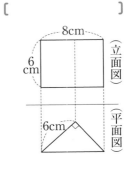

✔必ず得点 (4) 右の図は，底面の半径が 3cm，高さが 9cm
の円柱である。この円柱の表面積を求めなさい。
ただし，円周率は π とする。〈奈良県〉

〔　　　　　　　〕

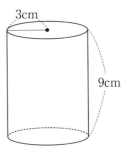

〔　　　　　　　〕

5 次の問いに答えなさい。

(1) 右の図のように，半径が3cm の球と，底面の半径が3cm の円柱がある。これらの体積が等しいとき，円柱の高さを求めなさい。

〈佐賀県〉

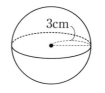

〔　　　　　　〕

✔必ず得点 (2) 右の図のように，底面の半径が5cm で，高さが6cm の円錐があります。この円錐の体積は何 cm³ ですか。ただし，円周率は π とします。　〈広島県〉

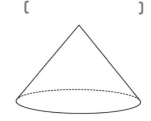

〔　　　　　　〕

👆よくでる (3) 右の図のような直角二等辺三角形を，直線 ℓ を回転の軸として1回転させてできる立体の体積を求めなさい。

〈鳥取県〉

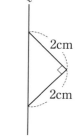

〔　　　　　　〕

(4) 右の図のような立方体があり，線分 EG は正方形 EFGH の対角線である。このとき，∠AEG の大きさについて，正しく述べられている文は，ア〜エのうちのどれですか。1つ答えなさい。　〈岡山県〉

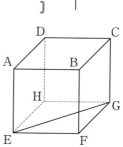

ア　∠AEG の大きさは，90°より大きい。

イ　∠AEG の大きさは，90°より小さい。

ウ　∠AEG の大きさは，90°である。

エ　∠AEG の大きさが90°より大きいか小さいかは，問題の条件だけでは決まらない。

〔　　　　　　〕

6

下の図のように，縦 3cm，横 9cm の長方形から，底辺 3cm，高さ 3cm の直角三角形を取り除いてできる台形と，半径 3cm，中心角 90° のおうぎ形が，直線 ℓ 上にある。この台形とおうぎ形を，直線 ℓ を軸として 1 回転させる。このとき，次の問いに答えなさい。（円周率は π を用いること。）

〈愛媛県〉

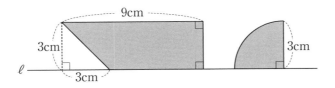

(1) 台形を 1 回転させてできる立体の体積を求めなさい。

〔　　　　　　　　〕

(2) 台形を 1 回転させてできる立体の体積は，おうぎ形を 1 回転させてできる立体の体積の何倍か。

〔　　　　　　　　〕

7

右の図は，1 辺の長さが 8cm の正四面体 OABC を表している。

次の(1)，(2)に答えなさい。　〈福岡県〉

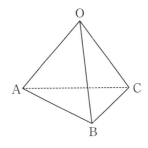

(1) 図に示す立体において，辺 OA，OB，OC 上にそれぞれ点 D，E，F を，OD：DA ＝1：2，OE：EB ＝1：2，OF：FC ＝1：2 となるようにとる。

　このとき，正四面体 OABC を 3 点 D，E，F を通る平面で分けたときにできる 2 つの立体のうち，頂点 A を含む立体の体積は，正四面体 OABC の体積の何倍かを求めなさい。

〔　　　　　　　　〕

(2) 図に示す立体において，辺 BC の中点を G とし，辺 OA 上に点 H を OH＝GH となるようにとる。点 A と点 G を結び，点 H から線分 AG に垂線をひき，線分 AG との交点 I とする。

　このとき，線分 HI の長さを求めなさい。

〔　　　　　　　　〕

2 空間図形と三平方の定理

栄光の視点

この単元を最速で伸ばすオキテ

🔲 空間図形の中に，直角三角形を発見し，三平方の定理を当てはめて問題を解く。

🔲 適当な直角三角形を発見することが第一歩になる。特に，錐体の高さを求めるには，補助線などのひき方も覚えておこう。

📘 覚えておくべきポイント

🔲 **立体上の最短距離は，展開図をかいて，直線をひいて求められる。錐体でも柱体でも同じである**
直角三角形をつくり，最短距離の長さを求める。

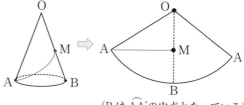

例　円錐上の最短距離（右図）

(B は $\overset{\frown}{AA'}$ の中点となっている)

🔲 **錐体の体積を求めるときの高さ**…底面の1辺と高さの辺をかき，三平方の定理を使って，高さを求める。

・円錐では，底面の円の半径，母線，高さを示す補助線で直角三角形をつくる（右図）。

🔲 **平面と点との距離**…点から平面に下ろした垂線と平面上の1辺で直角三角形をつくる。高さを求めるときと同じ考え方でよい。

🔲 **三角形の高さを求める**…頂点から底辺に垂線を下ろし，三平方の定理を適用する。

・しばしば使われる方法なので，必ず覚えておく。

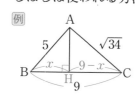

例

① 左図で，$BH = x$ とおくと，$CH = 9 - x$

② $(AH^2 =) 5^2 - x^2 = (\sqrt{34})^2 - (9-x)^2$ ←三平方の定理

③ ②を解いて，$x = 4$ が出る。（x の2次の項は消える。）

④ $x = 4$ を②に代入して $AH = 3$ が求められる。

💣 先輩たちのドボン

🔲 **基本となる平面図形の性質の理解が足りなかった。また，錐体の体積は，底面積と高さが同じ柱体の $\dfrac{1}{3}$ であることもわかっていない**
比を使って値を求めることが多いので，相似な三角形をすばやく見つけることが大事。三平方の定理を使うときは，斜辺がいちばん長いことに注意する。

問題演習

1 次の図のように，長さが 6cm の線分 AB を直径とする円を底面とし，母線の長さが 6cm の円錐 P がある．この円錐 P の側面に，点 A から点 B まで，ひもをゆるまないようにかける．このとき，次の各問いに答えなさい．ただし，円周率は π とし，答えの分母に $\sqrt{\ }$ が含まれるときは，分母を有理化しなさい．また，$\sqrt{\ }$ の中をできるだけ小さい自然数にしなさい．

〈三重県〉

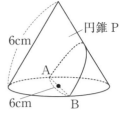

✔必ず得点 (1) 円錐 P の体積を求めなさい．

〔   〕

✔必ず得点 (2) 円錐 P の側面積を求めなさい．

〔   〕

🖊よくでる (3) かけたひもの長さが最も短くなるときのひもの長さを求めなさい．

〔   〕

2 右の図は，点 A，B，C，D，E，F を頂点とし，3 つの側面がそれぞれ長方形である三角柱 で，AC ＝ 9cm，AD ＝ 6cm，DE ＝ 7cm，EF ＝ 8cm である．

〈熊本県〉

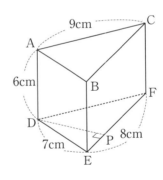

✔必ず得点 (1) 三角柱の辺のうち，辺 AB とねじれの位置にある辺をすべて答えなさい．

〔   〕

🖊よくでる (2) 辺 EF 上に点 P を，DP⊥EF となるようにとり，EP ＝ $x$cm とする．このとき，x の値の求め方について，次の ［ ア ］ には式を，［ イ ］ には数を入れて，文章を完成しなさい．

> DP² を x の式で表すと，$DP^2 = 7^2 - x^2$，$DP^2 = $ ［ ア ］ という 2 通りの 2 次式で表される．この 2 通りの 2 次式から，x についての方程式を導き，その方程式を解くと，$x = $ ［ イ ］ である．

ア 〔   〕 イ 〔   〕

＋差がつく (3) △ADP を，辺 AP を軸として 1 回転させてできる立体の体積を求めなさい．ただし，円周率は π とする．

〔   〕

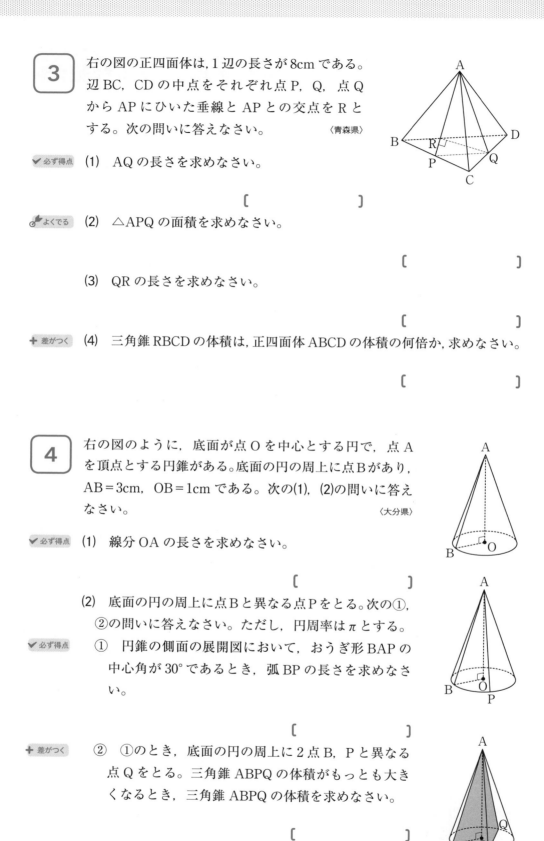

3 右の図の正四面体は, 1辺の長さが8cmである。辺BC, CDの中点をそれぞれ点P, Q, 点QからAPにひいた垂線とAPとの交点をRとする。次の問いに答えなさい。 〈青森県〉

✓必ず得点 (1) AQの長さを求めなさい。

〔　　　　　　　　　〕

✿よくでる (2) △APQの面積を求めなさい。

〔　　　　　　　　　〕

(3) QRの長さを求めなさい。

〔　　　　　　　　　〕

＋差がつく (4) 三角錐RBCDの体積は, 正四面体ABCDの体積の何倍か, 求めなさい。

〔　　　　　　　　　〕

4 右の図のように, 底面が点Oを中心とする円で, 点Aを頂点とする円錐がある。底面の円の周上に点Bがあり, AB＝3cm, OB＝1cmである。次の(1), (2)の問いに答えなさい。 〈大分県〉

✓必ず得点 (1) 線分OAの長さを求めなさい。

〔　　　　　　　　　〕

(2) 底面の円の周上に点Bと異なる点Pをとる。次の①, ②の問いに答えなさい。ただし, 円周率はπとする。

✓必ず得点 ① 円錐の側面の展開図において, おうぎ形BAPの中心角が30°であるとき, 弧BPの長さを求めなさい。

〔　　　　　　　　　〕

＋差がつく ② ①のとき, 底面の円の周上に2点B, Pと異なる点Qをとる。三角錐ABPQの体積がもっとも大きくなるとき, 三角錐ABPQの体積を求めなさい。

〔　　　　　　　　　〕

5 右の図のような正四角錐があり，底面は1辺が2cmの正方形で，側面は等しい辺が4cmの二等辺三角形である。辺AC上に2点A，Cと異なる点Fをとる。点Fを通り辺CDに平行な直線と，辺ADとの交点をGとする。AG＝1cmであるとき，次の問いに答えなさい。〈香川県〉

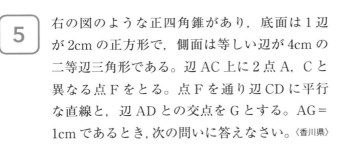
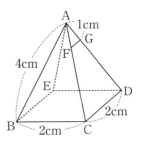

✔ 必ず得点 (1) 線分FGの長さは何cmか，求めなさい。

〔　　　　　　　〕

☞よくでる (2) この正四角錐の体積は何cm³か，求めなさい。

〔　　　　　　　〕

6 右の図のように，1辺の長さが4cmの正方形を底面とし，OA＝OB＝2√3cm，OC＝OD＝4cmの四角錐OABCDがある。頂点Oから底面に垂線をひき，底面との交点をHとする。また，辺ABの中点をM，辺CDの中点をNとする。このとき，次の(1)～(4)の各問いに答えなさい。

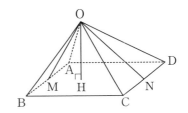

〈佐賀県〉

(1) 線分OMと線分ONの長さをそれぞれ求めなさい。

OM〔　　　　　〕　ON〔　　　　　〕

☞よくでる (2) MH＝$x$cmとするとき，△OMHに注目してOH²をxを用いて表しなさい。

〔　　　　　　　〕

☞よくでる (3) 線分MHの長さを求めなさい。

〔　　　　　　　〕

(4) 三角錐OHCDの体積を求めなさい。

〔　　　　　　　〕

7 底面の半径が4cm，母線の長さが12cmの円錐があります。底面の1つの直径をABとし，円錐の頂点をOとします。また，線分OAの中点をMとします。この円錐の側面上に，右の図のように点Aから線分OBと交わり点Mまで線をひくとき，最も短くなるようにひいた線の長さを求めなさい。

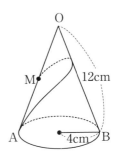

〈埼玉県〉

〔　　　　　　　〕

8 右の図は四角錐の投影図である。立面図が正三角形，平面図が1辺の長さが4cmの正方形であるとき，この立体の体積を求めなさい。　〈島根県〉

〔　　　　　　〕

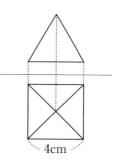

9 図1のような1辺の長さが8cmの立方体がある。辺BCの中点を点Mとし，辺CD上にCN＝3cmとなる点Nをとる。図1の立方体を3点F，M，Nを通る平面で切ると，図2のように2つの立方体に分かれた。点Pは，3点F，M，Nを通る平面と辺GHの交点である。

このとき，次の各問いに答えなさい。　〈沖縄県〉

(1) 図2の線分GPの長さを求めなさい。

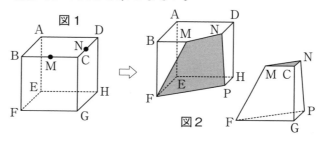

〔　　　　　　〕

よくでる (2) 図2の点Cを含む立体をV_1として，図3のように，V_1の辺GC，線分PN，線分FMをそれぞれ延長すると点Qで交わる。

このとき，点Qを頂点とし，三角形MCNを底面とする三角錐をV_2とする。

V_1とV_2の体積比を求めなさい。

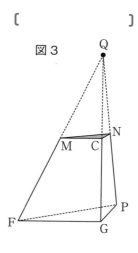

〔　　　　　　〕

＋差がつく (3) 図3において，辺CG上に点Rをとる。

このとき，点Fを頂点とし，三角形GPRを底面とする三角錐をV_3とする。

このV_3と(2)のV_2の体積が等しくなるときの線分GRの長さを求めなさい。

〔　　　　　　〕

PART
6

確率と
資料の整理

1 確率

栄光の視点

 この単元を最速で伸ばすオキテ

▷ 場合の数をどう計算するかが肝である。いくつかのパターンを知っておくことが必要。分母の場合の数と分子の場合の数をていねいに計算する。

▷ 確率では，余事象の考え方を使うと，解き方がスッキリする。練習しておこう。

覚えておくべきポイント

▷ **場合の数の求め方のパターンを知っておく**

簡単な樹形図をかいて，確認するとよい。

・順列形…異なる 4 枚のカードを左から 3 枚並べる　⇨　$4 \times 3 \times 2$ 通り

・組み合わせ形…異なる 4 枚のカードから 3 枚選ぶ　⇨　$\dfrac{4 \times 3 \times 2}{3 \times 2 \times 1}$ 通り

・さいころ…A，B 2 個のさいころを振って，A を十の位の数，B を一の位の数として 2 けたの整数 10A＋B をつくる。　⇨　6×6 通り

・袋の中の球…取り出し方により，順列形・組み合わせ形のいろいろなパターンになる。

▷ **確率の考え方を理解する**

・ある事柄が起こる確率 $p = \dfrac{a 通り\cdots（ある事柄の起こる場合の数）}{n 通り\cdots（起こりうるすべての場合の数）}$

・事柄の起こる確率はみな同じ。（例 1 だけ出やすいさいころはダメ。）

・すべての場合が何通りになるか，ある事柄が何通りになるか，別々に考える。

　例　さいころを 1 回振って素数の目が出る確率 p を求める。

　　⇨すべての場合は $\boxed{1}$～$\boxed{6}$ の 6 通り。

　　素数になる場合は $\boxed{2}$，$\boxed{3}$，$\boxed{5}$ の 3 通り。

　　$p = \dfrac{3}{6} = \dfrac{1}{2}$

▷ **余事象の考え方を理解する**…計算や考え方が簡単になるときに使う。

・（ある事柄が起こる確率 p）＝ 1 －（その事柄が起こらない確率 q）

　例　トランプを 1 枚引くとき：

　　（数字札を引く確率 p）＝ 1 －（絵札を引く確率 q）

🔁 **2つのさいころの目の出方の総数は6 × 6 ＝ 36通り。そのうち，和が素数になる場合を2，3，5，7，11の5通りとしてしまった**

早計に5通りとしてはいけない。さいころ2個の場合は，表をかくとわかりやすく，考え違いを発見しやすい。

🔲 例　さいころ2個の場合，和が5になるものだけでも，(A，B) ＝ (1，4)，(4，1)，(2，3)，(3，2) の4通りあることになる。

A\B	1	2	3	4	5	6
1	②	③	4	⑤	6	⑦
2	③	4	⑤	6	⑦	8
3	4	⑤	6	⑦	8	9
4	⑤	6	⑦	8	9	10
5	6	⑦	8	9	10	⑪
6	⑦	8	9	10	⑪	12

（和が素数になる目の出方）

問題演習

1 次の問いに答えなさい。

✔️必ず得点 (1) 3枚の硬貨を同時に投げるとき，少なくとも1枚は表が出る確率を求めなさい。それぞれの硬貨の表裏の出方は，同様に確からしいものとする。〈京都府〉

〔　　　　　〕

👆よくでる (2) 男子4人と女子2人の中から，くじで2人を選ぶとき，次のア〜ウのうち確率が最も大きいものを選び，その記号を書きなさい。また，その確率を求めなさい。　〈奈良県〉

ア　2人とも男子が選ばれる確率

イ　男子と女子が1人ずつ選ばれる確率

ウ　2人とも女子が選ばれる確率

記号〔　　　　〕　確率〔　　　　〕

➕差がつく (3) 大小2つのさいころを同時に投げる。大きいさいころの出た目の数をx座標，小さいさいころの出た目の数をy座標とする点をP(x，y)とするとき，点Pが1次関数$y = -x + 8$のグラフ上の点となる確率を求めなさい。〈鹿児島県〉

〔　　　　　〕

2 大小2つのさいころを同時に1回投げる。ただし，それぞれのさいころの目は1から6まであり，どの目が出ることも同様に確からしいとする。このとき，次の(1)〜(3)に答えなさい。　〈長崎県〉

👆よくでる

(1) 目の出方は全部で何通りあるか。　　　〔　　　　　〕

(2) 大小2つのさいころの出る目の数の和が7になる確率を求めなさい。

〔　　　　　〕

(3) 大小2つのさいころの出る目の数の積が偶数になる確率を求めなさい。

〔　　　　　〕

3 次の問いに答えなさい。

よくでる (1) 袋の中に6個の玉が入っており，それぞれ の玉には，右の図のように，10，11，12，13， 14，15の数字が1つずつ書いてある。この袋 の中から同時に2個の玉を取り出すとき，取り 出した2個の玉のうち，少なくとも1個は3の 倍数である確率を求めなさい。ただし，袋から玉を取り出すとき，どの 玉が取り出されることも同様に確からしいものとする。〈静岡県〉

袋に入っている玉

〔　　　　　〕

(2) 大小2つのさいころを同時に投げて，大きいさいころの出た目の数を a，小さいさいころの出た目の数を b とするとき，方程式 $x^2 = ab$ の2つ の解がともに整数となる確率を求めなさい。〈愛知県〉

〔　　　　　〕

4 右のⅠ図のように，-2，-1，0，1，2の数が 書かれた玉が1個ずつ入っている箱がある。こ の箱から玉を1個取り出し，玉に書かれている 数を調べ，この玉を箱にもどす。次に，もう一 度この箱から玉を1個取り出し，玉に書かれて いる数を調べる。はじめに取り出した玉に書か れている数を a，次に取り出した玉に書かれて いる数を b として，右のⅡ図に，点P (a, b) をとる。このとき，次の問い(1)・(2)に答えなさい。 ただし，箱に入っているどの玉が取り出される ことも同様に確からしいものとする。〈京都府〉

Ⅰ図

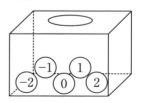

Ⅱ図

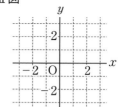

よくでる (1) 点Pが，直線 $y = x$ 上にある確率を求めな さい。

〔　　　　　〕

(2) 原点Oから点Pまでの距離が $\sqrt{5}$ となる確率を求めなさい。

〔　　　　　〕

5 右の図のように，袋Aの中に1, 2, 3, 4の数字が1つずつ書かれた同じ大きさの玉が4個，袋Bの中に，5, 6, 7, 8の数字が1つずつ書かれた同じ大きさの玉が4個入っている。袋Aと袋Bの中から，それ

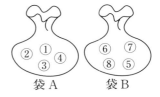

袋A　　袋B

ぞれ1個ずつ玉を取り出し，袋Aの中から取り出した玉に書かれている数字をa，袋Bの中から取り出した玉に書かれている数字をbとする。

このとき，$\dfrac{b}{a}$が自然数となる確率を求めなさい。ただし，どの玉の取り出し方も，同様に確からしいものとする。

〈和歌山県〉

[　　　　　　]

6 右の図のように，袋Aと袋Bがあり，袋Aには1から5までの数字が1つずつ書かれた同じ大きさの玉が5個入っている。また，袋Bには6から9までの数字が1つずつ書かれた同じ大きさの玉が4個入っている。この2つの袋の中の玉をそれぞれよくかきまぜて，袋Aと袋Bからそれぞれ1個ずつ玉を取り出す。袋Aから取り出した玉に書かれている数をa，袋Bから取り出した玉に書かれている数をbとし，2けたの整数Nを$N=10a+b$とする。例えば，$a=1$，$b=6$のとき，$N=16$となる。

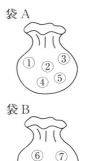

袋A

袋B

〈長崎県〉

(1) Nの値は全部で何通りあるか。

[　　　　　　]

(2) Nが3の倍数になる確率を求めなさい。

[　　　　　　]

(3) Nのaとbを入れかえてできる2けたの整数をMとすると，$M=10b+a$である。このとき，次の①，②に答えなさい。

① $M-N$が9の倍数になることを，$M-N$をa，bを使って表すことにより証明しなさい。ただし，証明は「$M-N=$」に続けて完成させなさい。

[
$M-N=$
]

② $M-N=18$になる確率を求めなさい。

[　　　　　　]

133

2 資料の整理と標本調査

栄光の視点

 この単元を最速で伸ばすオキテ

- この単元は，多くの用語が出てくるので，その意味をちゃんと正しく知っておくことが必要である。
- 度数分布表で，平均値を求めるときの階級値は，すぐに計算して出せるようにしておくとよい。

覚えておくべきポイント

- **度数分布表を正しく見ることができるようにする**
  - ・階級，度数，相対度数を理解しておく。
  - ・平均値，中央値（メディアン），最頻値（モード）などの代表値を求められるようにしておく。
  - ・平均値 $= \dfrac{（階級値×度数）の和}{総度数}$ （階級値…階級の真ん中の値）
- **ヒストグラム（柱状グラフ）を正しく見ることができるようにしておく**
  - ・ヒストグラムは，度数分布表を棒グラフで視覚的に表したもの。
  - ・階級 ⇨ ヒストグラムの幅，度数 ⇨ ヒストグラムの高さ
- **母集団・母平均の推測（推定）…一部分の関係から，比例関係を利用して，全体を推測する**
  - ・得られる値は，近似値。
    - 例 10本の桜の木の花の数から，100本の桜の木の花の数を推測する。

 先輩たちのドボン

- **計算は難しくなかったが，用語の意味をちゃんと理解しておかなかったため，得点できなかった**
  サンプルが偶数個のときの中央値の求め方とか，下から（上から）何番目かの数え方とか，細かいところに注意しておこう。一度やっておけば，かなり心強い。

問題演習

1 右下の資料は，関東 7 都県のはくさいの出荷量をまとめたものであり，次の文は広志さんたちが数学の授業でこの資料について話し合ったときの会話の一部である。

〈群馬県〉

> 広志さん：この資料の代表値としてどんな値を使えばいいかな。
>
> 優子さん：代表値には，平均値や(ア)中央値，最頻値があるって習ったよね。教科書には，平均値が代表値としてよく使われるってあったよ。
>
> 良男さん：でも，(イ)この資料の分布だと，平均値は代表値としてふさわしくないと思うよ。

はくさいの出荷量
（平成 28 年）

都県名	出荷量（t）
茨城県	224400
栃木県	18600
群馬県	22300
埼玉県	14000
千葉県	6560
東京都	2840
神奈川県	3420

（農林水産省ホームページにより作成）

✔必ず得点 (1) 下線部(ア)について，この資料の中央値を求めなさい。

〔　　　　　　　　　　〕

✚差がつく (2) 下線部(イ)のようにいえるのはなぜか，この資料がもつ分布の特徴に着目して，説明しなさい。

〔　　　　　　　　　　

2 次の問いに答えなさい。

👆よくでる (1) 右の表は，ある中学校の生徒 40 人が 2 月に読んだ本の冊数について，度数分布表にまとめたものである。読んだ本の冊数の中央値を含む階級の相対度数を求めなさい。

〈青森県〉

階級（冊）	度数（人）
以上　未満	
0 ～ 5	13
5 ～ 10	10
10 ～ 15	12
15 ～ 20	4
20 ～ 25	1
計	40

〔　　　　　　　　　　〕

(2) 右の表は，ある中学校の生徒 30 人の通学時間を度数分布表にまとめたものである。

① 表中の〔　　〕に入れるのに適している数を書きなさい。　〔　　　　　　　　　　〕

② 次のア〜エのうち，10 分以上 15 分未満の階級の相対度数として正しいものはどれですか。1 つ選び，記号を書きなさい。　〈大阪府〉

ア　6　　イ　30　　ウ　0.2　　エ　0.6

通学時間（分）	階級値（分）	度数（人）
以上　未満		
5 ～ 10	7.5	2
10 ～ 15	12.5	6
15 ～ 20	17.5	10
20 ～ 25	〔　〕	7
25 ～ 30	27.5	3
30 ～ 35	32.5	2
合計		30

〔　　　　　　　　　　〕

3 次の問いに答えなさい。

(1) 右の表は，ある中学校の1年生男子25人の
ハンドボール投げの記録を度数分布表に整理
したものである。このとき，次の各問いに答え
なさい。　　　　　　　　　　　　　　　〈三重県〉

階級(m)	度数(人)
以上　未満	
10 ～ 14	3
14 ～ 18	(ア)
18 ～ 22	5
22 ～ 26	(イ)
26 ～ 30	4
30 ～ 34	1
計	25

✔必ず得点　① 「26m以上30m未満」の階級の相対度数を
求めなさい。

〔　　　　　　　　　　　〕

✚差がつく　② 中央値が「18m以上22m未満」の階級にあり，最頻値が24mであ
るとき， (ア) ， (イ) にあてはまる数を書き入れなさい。

(ア)〔　　　　　　　〕 (イ)〔　　　　　　　〕

🖊よくでる　(2) 下の資料は，A中学校の生徒15人が上体起こしを30秒間行ったと
きのそれぞれの回数を記録したものです。最頻値を求めなさい。〈北海道〉

(資料)

30	25	19	31	25	23	20	21
28	23	21	13	16	25	29	(単位：回)

〔　　　　　　　　　　　〕

(3) 右の表は，A中学校の1年生と3年生の
通学時間を調査し，その結果を度数分布表に
整理したものである。この表をもとに，中央
値が大きい方の学年と，その学年の中央値が
含まれる階級を答えなさい。　　　　〈福岡県〉

階級(分)	度数(人)	
	1年生	3年生
以上　未満		
0 ～ 5	18	20
5 ～ 10	31	33
10 ～ 15	24	23
15 ～ 20	19	20
20 ～ 25	5	6
25 ～ 30	3	3
計	100	105

学年〔　　　　　　　〕

階級〔　　　　　　　〕

4 右の度数分布表は，あるクラス20人の学習
時間を整理したものである。次の(1)，(2)を求
めなさい。　　　　　　　　　　　　　〈岡山県〉

学習時間(分)	度数(人)
以上　未満	
0 ～ 30	1
30 ～ 60	2
60 ～ 90	7
90 ～ 120	6
120 ～ 150	2
150 ～ 180	2
計	20

🖊よくでる　(1) 学習時間の最頻値

〔　　　　　　　　　　　〕

(2) 学習時間の平均値

〔　　　　　　　　　　　〕

5 次の問いに答えなさい。

✔必ず得点 (1) 次の調査のうち，標本調査で行うのが適当であるものを，次のア〜エの中からすべて選び，記号で答えなさい。 〈沖縄県〉
　　　ア　学校での身体測定　　　　　　イ　テレビ番組の視聴率調査
　　　ウ　航空機に乗る前の手荷物検査　エ　ある川の水質調査

　　　　　　　　　　　　　　　　　　　　　　　[　　　　　　　　]

＋差がつく (2) 体育委員のえりかさんは，クラスの女子20人の立ち幅跳びの記録をもとに，次の資料を作成しました。

資料
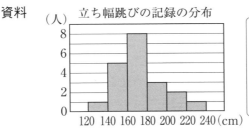
立ち幅跳びの記録の分布

平均値：173cm
中央値：170cm
最頻値：170cm
最大値：224cm
最小値：136cm

　　えりかさんの立ち幅跳びの記録は174cmです。資料から，えりかさんの記録は，女子20人の中で上位10人に入っていることが分かります。そのことが分かる理由を，この資料に基づいて簡単に書きなさい。〈岩手県〉

[
　　　　　　　　　　　　　　　　　　　　　　　　　　　　　]

6 あるクラスの生徒20人について，1か月間に読んだ本の冊数を調査した。右の図は，その結果をヒストグラムに表したものである。次の問いに答えなさい。
〈愛媛県〉

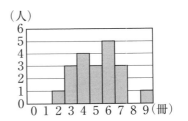

＋差がつく (1) 次のア〜エのうち，正しいものはどれか。適当なものを1つ選び，その記号を書きなさい。
　　　ア　最頻値，平均値，中央値のうち，最も小さいのは平均値である。
　　　イ　最頻値，平均値，中央値のうち，最も大きいのは中央値である。
　　　ウ　最頻値は平均値より小さい。
　　　エ　平均値は中央値より大きい。

　　　　　　　　　　　　　　　　　　　　　　　[　　　　　　　　]

🖋よくでる (2) 1か月間に読んだ本の冊数が7冊以上であった生徒の人数は，全体の何％か。

　　　　　　　　　　　　　　　　　　　　　　　[　　　　　　　　]

7 次の問いに答えなさい。

よくでる

(1) 白色のペットボトルキャップが入っている袋があります。この袋の中に，同じ大きさのオレンジ色のキャップを50個入れてよく混ぜ，無作為に30個を抽出しました。抽出したキャップのうち，オレンジ色のキャップは6個でした。はじめにこの袋の中に入っていたと考えられる白色のキャップは，およそ何個と推測されるか求めなさい。 〈埼玉県〉

〔　　　　　　　　　〕

(2) 袋の中にひまわりの種がたくさん入っています。この種の個数を推測するために，袋の中から150個の種を取り出し，取り出したすべての種に印をつけてから袋の中に戻しました。袋の中をよくかき混ぜたあと，100個の種を無作為に抽出したところ，そのうちの12個が印のついた種でした。この結果から，最初にこの袋の中に入っていたひまわりの種の個数は，およそ何個と考えられますか。 〈宮城県〉

〔　　　　　　　　　〕

(3) 袋の中に，緑色の豆だけがたくさん入っている。そのおよその個数を調べるために，袋の中に100個の黒色の豆を入れてよくかき混ぜた。その後，袋の中から30個の豆を無作為に抽出し，緑色と黒色の豆の個数をそれぞれ数え，数え終わった豆を袋に戻してよくかき混ぜる実験を3回行い，表にした。3回の平均をもとにして，袋の中の緑色の豆の個数を推測しなさい。考え方がわかるように過程も書きなさい。ただし，すべての豆の重さ，大きさは同じものとする。 〈秋田県〉

表

実験の回数	緑色の豆の個数	黒色の豆の個数
1回目	28	2
2回目	26	4
3回目	27	3
3回の平均	27	3

〔　　　　　　　　　〕

実戦模試

1 次の問いに答えなさい。

(1) $8765^2 - 1235^2$ を計算しなさい。

〔　　　　　　〕

(2) $a = 4 - \sqrt{3}$ のとき，$a^2 - 8a + 21$ の値を求めなさい。

〔　　　　　　〕

(3) 右の図で，3点 A，B，C は円 O の周上にあり，半直線 PA，PB は接線である。∠APB = 38° のとき，∠ACB の大きさを求めなさい。

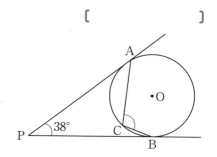

〔　　　　　　〕

(4) 右の図のような直方体 ABCD − EFGH に，頂点 A から出発して，辺 BF，CG，DH を通って頂点 E まで線をかくとき，線の長さが最も短くなるときは，何 cm か答えなさい。ただし，AD = 3cm，AB = 6cm，AE = 8cm である。

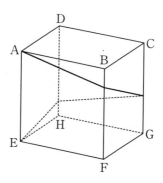

〔　　　　　　〕

(5) 右の図において，点 P から円に接線をひき，2つの接点を A，B として，四角形 PAOB を作図しなさい。作図は定規とコンパスを用いて行いなさい。

P•

2 ある商品は，定価が 260 円のとき 1 日に 300 個売れる。定価を 10 円上げ下げするごとに売上個数は 260 円のときに比べて 1 割落ちたり伸びたりすることが分かっている。定価は 10 円単位で，1 円単位の端数はないものとする。上下 50 円の幅で定価を上げ下げするとき，次の問いに答えなさい。ただし，消費税は考えないものとする。

(1) 定価を $10x$ 円上げ下げするときの売上を表す式を書きなさい。ただし，x は 10 円上げ下げするときの倍数を表す変数である。

〔　　　　　　　　　　　　〕

(2) 定価が 260 円の現状より，売上を 14400 円増やすには，定価をいくら上げ下げすればよいか答えなさい。

〔　　　　　　　　　　　　〕

3 右の図において，曲線①は放物線 $y = ax^2$ のグラフで，点 B の座標は $(2, 1)$，点 C の座標は $(0, 3)$ である。また，放物線上の点 D の x 座標は 4 である。このとき，次の問いに答えなさい。ただし，座標軸の 1 めもりを 1cm とする。

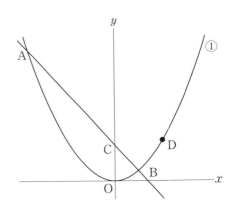

(1) a の値を求めなさい。

〔　　　　　　　　〕

(2) 直線 AB の式を求めなさい。

〔　　　　　　　　〕

(3) △ADB の面積を求めなさい。

〔　　　　　　　　〕

(4) △APB の面積が△ADB の面積と等しくなるような点 P を y 軸上の正の領域にとり，その座標を答えなさい。

〔　　　　　　　　〕

4 右の図は，三角形 ABC の辺 AB 上に 4 等分点を，辺 AC 上に 3 等分点を打ったものである。△ABC＝60cm^2 とするとき，次の問いに答えなさい。

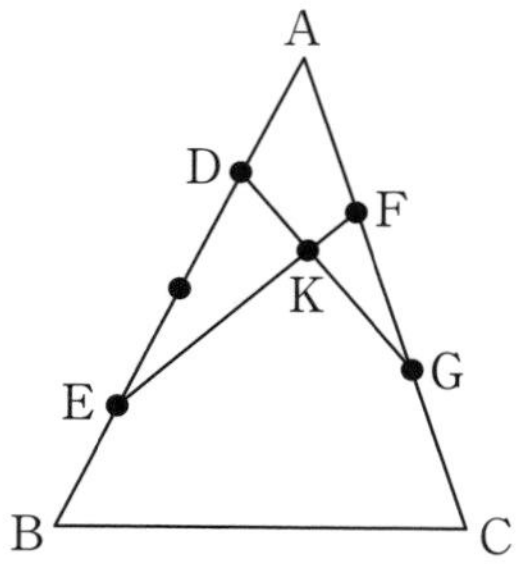

(1) DK：KG を求めなさい。

〔　　　　　　〕

(2) FK：KE を求めなさい。

〔　　　　　　〕

(3) △FKG の面積を求めなさい。

〔　　　　　　〕

(4) 五角形 EBCGK の面積を求めなさい。

〔　　　　　　〕

5 次の問いに答えなさい。

(1) 右の表は，X 中学の 1 年生 40 人のある日のテレビ視聴時間について調べたものである。次の問いに答えなさい。
① 中央値が含まれる階級を答えなさい。

〔　　　　　　〕

② 平均視聴時間を求めなさい。

視聴時間（分）	度数（人）
以上　　　未満	
0 ～ 30	2
30 ～ 60	6
60 ～ 90	10
90 ～ 120	12
120 ～ 150	6
150 ～ 180	4
計	40

〔　　　　　　〕

(2) 広さがほぼ 450m^2 の野原があり，クローバーが植えてある。3 人で 10m^2 ずつ四つ葉の数を調べたら，合わせて 36 個見つけることができた。この野原全体ではおよそ何個の四つ葉のクローバーがあると推定できるか答えなさい。

〔　　　　　　〕

6 右の図の立体 ABCD は，AB＝12cm，BC ＝13cm，BD＝$4\sqrt{10}$cm，CD＝9cm である。また，M は AB の中点，AR：DR＝3：1 であり，∠ABC＝∠ABD＝90°である。このとき，次の問いに答えなさい。

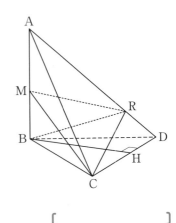

(1) 点 B から辺 CD に下ろした垂線 BH の長さを求めなさい。

〔　　　　　〕

(2) 三角錐 RBCD の体積を求めなさい。

〔　　　　　〕

(3) 三角錐 AMCR の体積を求めなさい。

〔　　　　　〕

(4) 三角形 MBC の面積を求めなさい。

〔　　　　　〕

(5) 三角錐 RMBC で頂点 R から底面 MBC に下ろした垂線の長さを求めなさい。

〔　　　　　〕

7 女子 5 人と男子 2 人の中から，くじ引きで書道部の部長と副部長を 1 人ずつ選ぶことになった。次の問いに答えなさい。

(1) 部長と副部長の選び方は全部で何通りあるか答えなさい。

〔　　　　　〕

(2) 部長と副部長の少なくともどちらかが女子になる確率を求めなさい。

〔　　　　　〕

監修：栄光ゼミナール（えいこうゼミナール）
首都圏を中心に、北海道・宮城県・京都府など約300校を展開する大手進学塾。
「受験は戦略だ。」をコンセプトに、少人数クラスで生徒の学ぶ意欲を引き出し、生徒が自ら学ぶ姿勢を育てる。また、豊富なデータや経験を活かした効果的な指導で、志望校合格へ導く。
高校入試対策では、地域の出題傾向に沿った指導に定評がある。2020年の高校入試合格総数は12,000名超。各都道府県のトップ校の合格者を多数輩出し、高い合格率をほこる。
志望校合格のため、部活動や習い事との両立、家庭学習の取り組み姿勢、併願校の選定など入試当日までの学習計画立案、定期テストや内申対策など、高校受験を勝ち抜くために必要なサポートをトータルで行っている。

編集協力：合同会社鼎、竹田直
校正　　：宮本和直、有限会社マイプラン
組版　　：株式会社群企画
図版　　：株式会社群企画

※本書の解説は、都道府県教育委員会から提供等を受けた問題・解答などをもとに作成した、本書独自のものです。
※本書に掲載されている解答は、都道府県教育委員会から提供等を受けた問題・解答に記載されたものではなく、本書独自のものである場合があります。
※一部の問題の図版は、元の問題から差し替えている場合がありますが、問題の主旨を変更するものではありません。

こうこうにゅうしたいさくもんだいしゅう　　　　ごうかく　　　さいたんかんせい　　すうがく
高校入試対策問題集　合格への最短完成　数学

2020年7月31日　初版発行
2024年9月5日　　7版発行

えいこう
監修／栄光ゼミナール

発行者／山下　直久

発行／株式会社KADOKAWA
〒102-8177　東京都千代田区富士見2-13-3
電話　0570-002-301(ナビダイヤル)

印刷所／TOPPANクロレ株式会社

合格への最短完成

数学

MATHEMATICS

高校入試 対策 問題集

解答・解説

この別冊を取り外すときは，
本体からていねいに引き抜いてください。
なお，この別冊抜き取りの際に損傷が生じた場合の
お取り替えはお控えください。

1 正負の数の計算

問題→P.7

1

(1) -5　　(2) 5　　(3) 7

(4) -20　　(5) $-\dfrac{6}{35}$　　(6) $-\dfrac{1}{2}$

(7) $\dfrac{7}{12}$　　(8) -2

解説

(1) $0-5=-5$　　(2) $13+(-8)=13-8=5$

(3) $2-(-5)=2+5=7$

(4) $(-7)+(-13)=-(7+13)=-20$

(5) $-\dfrac{3}{5}+\dfrac{3}{7}=-\dfrac{21}{35}+\dfrac{15}{35}=-\dfrac{6}{35}$

(6) $\dfrac{1}{6}-\dfrac{2}{3}=\dfrac{1}{6}-\dfrac{4}{6}=-\dfrac{3}{6}=-\dfrac{1}{2}$

(7) $\dfrac{1}{3}-\left(-\dfrac{1}{4}\right)=\dfrac{1}{3}+\dfrac{1}{4}=\dfrac{4}{12}+\dfrac{3}{12}=\dfrac{7}{12}$

(8) $-7-(-4)+1=-7+4+1=-2$

2

(1) -27　　(2) $-\dfrac{9}{2}$　　(3) $-\dfrac{3}{4}$

(4) $\dfrac{3}{8}$　　(5) -12　　(6) -7.2

(7) -5　　(8) $-\dfrac{1}{6}$

解説

(1) $3\times(-9)=-(3\times9)=-27$

(2) $12\times\left(-\dfrac{3}{8}\right)=-\left(12\times\dfrac{3}{8}\right)=-\left(3\times\dfrac{3}{2}\right)=-\dfrac{9}{2}$

(3) $-\dfrac{2}{3}\times\dfrac{9}{8}=-\dfrac{1}{1}\times\dfrac{3}{4}=-\dfrac{3}{4}$

(4) $\left(-\dfrac{3}{10}\right)\times\left(-\dfrac{5}{4}\right)=\dfrac{3}{10}\times\dfrac{5}{4}=\dfrac{3}{2}\times\dfrac{1}{4}=\dfrac{3}{8}$

(5) $5\times(-2.4)=-12$

(6) $-1.8\times4=-7.2$

(7) $(-20)\div4=-(20\div4)=-5$

(8) $\dfrac{3}{4}\div\left(-\dfrac{9}{2}\right)=-\left(\dfrac{3}{4}\times\dfrac{2}{9}\right)=-\dfrac{1}{6}$

3

(1) -11　　(2) 11　　(3) 14

(4) -3　　(5) -18　　(6) 9

(7) 1　　(8) 10

解説

(1) $4-5\times3=4-15=-11$

(2) $5-3\times(-2)=5+6=11$

(3) $(-7)\div(-5)\times10=\dfrac{7\times10}{5}=14$

(4) $11+2\times(-7)=11-14=-3$

(5) $-15+9\div(-3)=-15+(-3)=-18$

(6) $12+6\div(-2)=12+(-3)=9$

(7) $-8\div(-4)-1=2-1=1$

(8) $6-(-24)\div6=6-(-4)=10$

4

(1) 1　　(2) $\dfrac{1}{3}$　　(3) -2

(4) $\dfrac{7}{4}$　　(5) $-\dfrac{1}{7}$　　(6) $\dfrac{8}{3}$

(7) 1　　(8) $\dfrac{3}{8}$

解説

(1) $5+\dfrac{1}{2}\times(-8)=5+(-4)=1$

(2) $(-12)\times\dfrac{1}{9}+\dfrac{5}{3}=-\dfrac{4}{3}+\dfrac{5}{3}=\dfrac{1}{3}$

(3) $\dfrac{1}{2}+2\div\left(-\dfrac{4}{5}\right)=\dfrac{1}{2}+2\times\left(-\dfrac{5}{4}\right)=\dfrac{1}{2}-\dfrac{5}{2}$
$=-2$

(4) $\dfrac{9}{5}\div0.8-\dfrac{1}{2}=\dfrac{9}{5}\div\dfrac{4}{5}-\dfrac{1}{2}=\dfrac{9}{5}\times\dfrac{5}{4}-\dfrac{1}{2}$
$=\dfrac{9}{4}-\dfrac{2}{4}=\dfrac{7}{4}$

(5) $\dfrac{1}{3}-\dfrac{5}{6}\div\dfrac{7}{4}=\dfrac{1}{3}-\dfrac{5}{6}\times\dfrac{4}{7}$
$=\dfrac{1}{3}-\dfrac{10}{21}=\dfrac{7}{21}-\dfrac{10}{21}=-\dfrac{3}{21}=-\dfrac{1}{7}$

(6) $4+2\div\left(-\dfrac{3}{2}\right)=4+2\times\left(-\dfrac{2}{3}\right)=\dfrac{12}{3}-\dfrac{4}{3}=\dfrac{8}{3}$

(7) $\dfrac{7}{5}\div\left(-\dfrac{7}{4}\right)+\dfrac{9}{5}=\dfrac{7}{5}\times\left(-\dfrac{4}{7}\right)+\dfrac{9}{5}=-\dfrac{4}{5}+\dfrac{9}{5}$
$=1$

(8) $\dfrac{1}{8} - \left(-\dfrac{3}{10}\right) \div \dfrac{6}{5} = \dfrac{1}{8} - \left(-\dfrac{3}{10}\right) \times \dfrac{5}{6}$

$= \dfrac{1}{8} - \left(-\dfrac{1}{4}\right) = \dfrac{1}{8} + \dfrac{1}{4} = \dfrac{3}{8}$

5

(1) -5　　(2) 9　　(3) 3

(4) $-\dfrac{1}{4}$　　(5) -7　　(6) -2

(7) 6　　(8) 6

解説

(1) $10 + (6-9) \times 5 = 10 + (-3) \times 5 = 10 - 15 = -5$

(2) $7 - (-5 + 3) = 7 - (-2) = 7 + 2 = 9$

(3) $1 - (4-6) = 1 - (-2) = 1 + 2 = 3$

(4) $\left(\dfrac{2}{3} - \dfrac{3}{4}\right) \div \dfrac{1}{3} = \left(\dfrac{8}{12} - \dfrac{9}{12}\right) \times 3 = -\dfrac{1}{12} \times 3$

$= -\dfrac{1}{4}$

(5) $2 + 3 \times (1-4) = 2 + 3 \times (-3) = 2 - 9 = -7$

(6) $-20 \div 5 - (3-5) = -4 + 2 = -2$

(7) $-3 \times (5-7) = -3 \times (-2) = 6$

(8) $-9 + (-5) \times (1-4) = -9 + 15 = 6$

6

(1) -2　　(2) 24　　(3) -11

(4) 30　　(5) -3　　(6) 28

(7) 16　　(8) $-\dfrac{17}{72}$

解説

(1) $-18 \div 3^2 = -18 \div 9 = -2$

(2) $\dfrac{2}{3} \times (-6)^2 = \dfrac{2}{3} \times 36 = 2 \times 12 = 24$

(3) $7 + 2 \times (-3^2) = 7 + 2 \times (-9) = 7 - 18 = -11$

(4) $4^2 - (-7) \times 2 = 16 + 14 = 30$

(5) $6 - (-2)^2 \div \dfrac{4}{9} = 6 - 4 \times \dfrac{9}{4} = 6 - 9 = -3$

(6) $2 \times (-3)^2 + 10 = 2 \times 9 + 10 = 28$

(7) $\{5 - (-2^2)\} \div \left(\dfrac{3}{4}\right)^2 = (5+4) \div \dfrac{9}{16} = 9 \times \dfrac{16}{9}$

$= 16$

(8) $-3^2 \div 2^3 - (-2)^3 \div 3^2 = -\dfrac{9}{8} + \dfrac{8}{9} = -\dfrac{81}{72} + \dfrac{64}{72}$

$= -\dfrac{17}{72}$

---

2 平方根

問題→P.11

1

(1) $4\sqrt{2}$　　(2) $-\sqrt{2}$　　(3) $4\sqrt{2}$

(4) $3\sqrt{5}$　　(5) $9\sqrt{3}$　　(6) $3\sqrt{3}$

(7) $2\sqrt{2}$　　(8) $-\sqrt{2}$

解説

(1) $\sqrt{2} + \sqrt{18} = \sqrt{2} + 3\sqrt{2} = 4\sqrt{2}$

(2) $\sqrt{50} - \sqrt{72} = 5\sqrt{2} - 6\sqrt{2} = -\sqrt{2}$

(3) $6\sqrt{2} - \sqrt{8} = 6\sqrt{2} - 2\sqrt{2} = 4\sqrt{2}$

(4) $\sqrt{5} + \sqrt{20} = \sqrt{5} + 2\sqrt{5} = 3\sqrt{5}$

(5) $6\sqrt{3} + \sqrt{27} = 6\sqrt{3} + 3\sqrt{3} = 9\sqrt{3}$

(6) $\sqrt{48} - \sqrt{3} = 4\sqrt{3} - \sqrt{3} = 3\sqrt{3}$

(7) $\sqrt{32} - \sqrt{18} + \sqrt{2} = 4\sqrt{2} - 3\sqrt{2} + \sqrt{2} = 2\sqrt{2}$

(8) $\sqrt{8} + \sqrt{18} - 6\sqrt{2} = 2\sqrt{2} + 3\sqrt{2} - 6\sqrt{2} = -\sqrt{2}$

2

(1) $-2\sqrt{2}$　　(2) $5\sqrt{3}$

(3) $6-9\sqrt{6}$　　(4) $5\sqrt{6}$　　(5) $3\sqrt{2}$

(6) $6\sqrt{2}$　　(7) $5\sqrt{2}$　　(8) $5\sqrt{3}$

解説

(1) $\sqrt{48} \div \sqrt{2} \div (-\sqrt{3}) = -\sqrt{48 \div 2 \div 3} = -\sqrt{8}$

$= -2\sqrt{2}$

(2) $\sqrt{6}\left(\sqrt{8} + \dfrac{1}{\sqrt{2}}\right) = \sqrt{48} + \sqrt{3} = 4\sqrt{3} + \sqrt{3} = 5\sqrt{3}$

(3) $\sqrt{6}(\sqrt{6} - 7) - \sqrt{24} = 6 - 7\sqrt{6} - 2\sqrt{6}$

$= 6 - 9\sqrt{6}$

(4) $4\sqrt{3} \div \sqrt{2} + \sqrt{54} = \dfrac{4\sqrt{3}}{\sqrt{2}} + \sqrt{54}$

$= 2\sqrt{6} + 3\sqrt{6} = 5\sqrt{6}$

(5) $\sqrt{5} \times \sqrt{10} - \sqrt{8} = \sqrt{50} - \sqrt{8} = 5\sqrt{2} - 2\sqrt{2}$

$= 3\sqrt{2}$

(6) $5\sqrt{2} + \sqrt{6} \div \sqrt{3} = 5\sqrt{2} + \sqrt{2} = 6\sqrt{2}$

(7) $\sqrt{18} + 2\sqrt{6} \div \sqrt{3} = 3\sqrt{2} + 2\sqrt{2} = 5\sqrt{2}$

(8) $\sqrt{60} \div \sqrt{5} + \sqrt{27} = \sqrt{12} + 3\sqrt{3} = 2\sqrt{3} + 3\sqrt{3}$

$= 5\sqrt{3}$

3

(1) $5\sqrt{3}$　　(2) $8\sqrt{2}$　　(3) $-2\sqrt{6}$

(4) $-\sqrt{5}$　　(5) $3\sqrt{3}$　　(6) $7\sqrt{3}$

(7) $2\sqrt{2}$　　(8) $\sqrt{5}$

解説

(1) $\dfrac{9}{\sqrt{3}}+\sqrt{12}=\dfrac{9\times\sqrt{3}}{\sqrt{3}\times\sqrt{3}}+\sqrt{12}=3\sqrt{3}+2\sqrt{3}$
$=5\sqrt{3}$

(2) $\dfrac{10}{\sqrt{2}}+\sqrt{18}=\dfrac{10\times\sqrt{2}}{\sqrt{2}\times\sqrt{2}}+3\sqrt{2}=5\sqrt{2}+3\sqrt{2}$
$=8\sqrt{2}$

(3) $\dfrac{12}{\sqrt{6}}-\sqrt{96}=2\sqrt{6}-4\sqrt{6}=-2\sqrt{6}$

(4) $\dfrac{10}{\sqrt{5}}-\sqrt{45}=2\sqrt{5}-3\sqrt{5}=-\sqrt{5}$

(5) $\dfrac{\sqrt{75}}{3}+\sqrt{\dfrac{16}{3}}=\dfrac{5\sqrt{3}}{3}+\dfrac{4\sqrt{3}}{3}=\dfrac{9\sqrt{3}}{3}=3\sqrt{3}$

(6) $\sqrt{27}+\dfrac{12}{\sqrt{3}}=3\sqrt{3}+4\sqrt{3}=7\sqrt{3}$

(7) $\dfrac{18}{\sqrt{2}}-\sqrt{98}=9\sqrt{2}-7\sqrt{2}=2\sqrt{2}$

(8) $\dfrac{3}{\sqrt{5}}+\dfrac{\sqrt{20}}{5}=\dfrac{3\sqrt{5}}{5}+\dfrac{2\sqrt{5}}{5}=\dfrac{5\sqrt{5}}{5}=\sqrt{5}$

4

(1) $\dfrac{9\sqrt{7}}{7}$	(2) $9\sqrt{2}$	(3) $5\sqrt{7}$
(4) $7\sqrt{2}$	(5) $\dfrac{5\sqrt{6}}{3}$	(6) $7\sqrt{2}$
(7) $2\sqrt{3}$	(8) $5\sqrt{2}$	

解説

(1) $\sqrt{63}+\dfrac{2}{\sqrt{7}}-\sqrt{28}=3\sqrt{7}+\dfrac{2\sqrt{7}}{7}-2\sqrt{7}=\dfrac{9\sqrt{7}}{7}$

(2) $\dfrac{12}{\sqrt{2}}+\sqrt{6}\times\sqrt{3}=6\sqrt{2}+3\sqrt{2}=9\sqrt{2}$

(3) $\dfrac{14}{\sqrt{7}}+\sqrt{3}\times\sqrt{21}=2\sqrt{7}+3\sqrt{7}=5\sqrt{7}$

(4) $\dfrac{8}{\sqrt{2}}+3\sqrt{6}\div\sqrt{3}=4\sqrt{2}+3\sqrt{2}=7\sqrt{2}$

(5) $\sqrt{8}\times\sqrt{3}-\dfrac{2}{\sqrt{6}}=2\sqrt{6}-\dfrac{\sqrt{6}}{3}=\dfrac{5\sqrt{6}}{3}$

(6) $\sqrt{2}-\sqrt{8}+\dfrac{16}{\sqrt{2}}=\sqrt{2}-2\sqrt{2}+8\sqrt{2}=7\sqrt{2}$

(7) $\sqrt{3}+\sqrt{27}-\dfrac{6}{\sqrt{3}}=\sqrt{3}+3\sqrt{3}-2\sqrt{3}=2\sqrt{3}$

(8) $\sqrt{6}\times\sqrt{3}+\dfrac{4}{\sqrt{2}}=3\sqrt{2}+2\sqrt{2}=5\sqrt{2}$

5

(1) $6+2\sqrt{5}$	(2) $3-2\sqrt{2}$	
(3) $5-2\sqrt{6}$	(4) $3\sqrt{3}-1$	
(5) $4-5\sqrt{2}$	(6) 2	(7) -5
(8) 2		

解説

(1) $(\sqrt{5}+1)^2=(\sqrt{5})^2+2\times\sqrt{5}\times1+1^2=6+2\sqrt{5}$

(2) $(\sqrt{2}-1)^2=(\sqrt{2})^2-2\times\sqrt{2}\times1+1^2$
$=3-2\sqrt{2}$

(3) $(\sqrt{3}-\sqrt{2})^2=(\sqrt{3})^2-2\times\sqrt{3}\times\sqrt{2}+(\sqrt{2})^2$
$=5-2\sqrt{6}$

(4) $(\sqrt{3}+4)(\sqrt{3}-1)=3+3\sqrt{3}-4$
$=3\sqrt{3}-1$

(5) $(6+\sqrt{2})(1-\sqrt{2})=-(\sqrt{2}+6)(\sqrt{2}-1)$
$=-(2+5\sqrt{2}-6)=4-5\sqrt{2}$

(6) $(\sqrt{5}-\sqrt{3})(\sqrt{5}+\sqrt{3})=(\sqrt{5})^2-(\sqrt{3})^2$
$=5-3=2$

(7) $(\sqrt{7}+2\sqrt{3})(\sqrt{7}-2\sqrt{3})=(\sqrt{7})^2-(2\sqrt{3})^2$
$=7-12=-5$

(8) $(\sqrt{3}+1)^2-2(\sqrt{3}+1)=(\sqrt{3}+1)(\sqrt{3}+1-2)$
$=(\sqrt{3}+1)(\sqrt{3}-1)=(\sqrt{3})^2-1^2=2$
（別解）$3+2\sqrt{3}+1-2\sqrt{3}-2=2$

6

(1) $14-8\sqrt{5}$	(2) $-9-6\sqrt{5}$
(3) $4-\sqrt{3}$	(4) $12-\sqrt{2}$

解説

(1) $(3-\sqrt{5})^2-\dfrac{10}{\sqrt{5}}=14-6\sqrt{5}-2\sqrt{5}=14-8\sqrt{5}$

(2) $(\sqrt{5}+2)(\sqrt{5}-7)-\dfrac{5}{\sqrt{5}}=-9-5\sqrt{5}-\sqrt{5}$
$=-9-6\sqrt{5}$

(3) $(\sqrt{3}-1)^2+\sqrt{48}-\dfrac{9}{\sqrt{3}}=4-2\sqrt{3}+4\sqrt{3}-3\sqrt{3}$
$=4-\sqrt{3}$

(4) $\dfrac{(3\sqrt{2}-\sqrt{6})^2}{2}-\dfrac{2-6\sqrt{6}}{\sqrt{2}}$
$=\dfrac{24-12\sqrt{3}}{2}-(\sqrt{2}-6\sqrt{3})$
$=12-6\sqrt{3}-\sqrt{2}+6\sqrt{3}=12-\sqrt{2}$

3 式の計算

問題→P.15

1

(1) $x - 5y$ (2) $14x - 6$

(3) $7a - 14b$ (4) $-2x - y$

(5) $a + 4b$ (6) $3a + 4$

(7) $3a + 5b$ (8) $3a + 8b$

(9) $a + b$ (10) $-11x + 27y$

(11) $3a - 7$ (12) $-14x + 26$

(13) $a + 8b$ (14) $a + 14b$

(15) $5a$

解説

(1) $2(2x - 7y) - 3(x - 3y) = 4x - 14y - 3x + 9y$
$= x - 5y$

(2) $7x - 11 - (-7x - 5) = 7x - 11 + 7x + 5$
$= 14x - 6$

(3) $4(2a - 3b) - (a + 2b) = 8a - 12b - a - 2b$
$= 7a - 14b$

(4) $4(x + 2y) - (6x + 9y) = 4x + 8y - 6x - 9y$
$= -2x - y$

(5) $2(2a - b) + 3(-a + 2b) = 4a - 2b - 3a + 6b$
$= a + 4b$

(6) $-3(a - 2) + 2(3a - 1) = -3a + 6 + 6a - 2$
$= 3a + 4$

(7) $4(a - b) - (a - 9b) = 4a - 4b - a + 9b = 3a + 5b$

(8) $2(5a - 3b) - 7(a - 2b) = 10a - 6b - 7a + 14b$
$= 3a + 8b$

(9) $5(a - b) - 2(2a - 3b) = 5a - 5b - 4a + 6b$
$= a + b$

(10) $3(x + 5y) - 2(7x - 6y) = 3x + 15y - 14x + 12y$
$= -11x + 27y$

(11) $-2(a - 4) + 5(a - 3) = -2a + 8 + 5a - 15$
$= 3a - 7$

(12) $-4(3x - 5) + (6 - 2x) = -12x + 20 + 6 - 2x$
$= -14x + 26$

(13) $2(5a + b) - 3(3a - 2b) = 10a + 2b - 9a + 6b$
$= a + 8b$

(14) $3(3a + 4b) - 2(4a - b) = 9a + 12b - 8a + 2b$
$= a + 14b$

(15) $(8a - 2b) - (3a - 2b) = 8a - 2b - 3a + 2b = 5a$

2

(1) $\dfrac{5}{12}a$ (2) $\dfrac{1}{2}a + \dfrac{3}{2}$ $\left(\dfrac{a+3}{2}\right)$

(3) $\dfrac{a + 6b}{3}$ (4) $\dfrac{5a - b}{12}$

(5) $\dfrac{5x - y}{6}$ (6) $\dfrac{9x - 4y}{5}$

(7) $\dfrac{7x - y}{2}$ (8) $\dfrac{4x + 15y}{4}$

解説

(1) $\dfrac{1}{4}a - \dfrac{5}{6}a + a = \left(\dfrac{1}{4} - \dfrac{5}{6} + 1\right)a = \dfrac{5}{12}a$

(2) $a - \dfrac{a - 3}{2} = a - \dfrac{1}{2}(a - 3) = \dfrac{1}{2}a + \dfrac{3}{2}$

(3) $\dfrac{2}{3}(5a - 3b) - 3a + 4b = \dfrac{10a - 6b - 9a + 12b}{3}$

$= \dfrac{a + 6b}{3}$

(4) $\dfrac{2a - b}{3} - \dfrac{a - b}{4} = \dfrac{4(2a - b) - 3(a - b)}{12}$

$= \dfrac{8a - 4b - 3a + 3b}{12} = \dfrac{5a - b}{12}$

(5) $\dfrac{7x + y}{6} - \dfrac{x + y}{3} = \dfrac{7x + y - 2x - 2y}{6} = \dfrac{5x - y}{6}$

(6) $2x - y - \dfrac{x - y}{5} = \dfrac{10x - 5y - x + y}{5} = \dfrac{9x - 4y}{5}$

(7) $\dfrac{5x + 7y}{2} + x - 4y = \dfrac{5x + 7y + 2x - 8y}{2} = \dfrac{7x - y}{2}$

(8) $\dfrac{6x + y}{4} - \dfrac{x - 7y}{2} = \dfrac{6x + y - 2x + 14y}{4} = \dfrac{4x + 15y}{4}$

3

(1) $40x^2y^3$ (2) $2xy^4$ (3) $8a^2b$

(4) $12a^2$ (5) $16a$ (6) $3x$

(7) $-8ab$ (8) $6x$

解説

(1) $5xy^2 \times 8xy = 5 \times 8 \times x \times x \times y^2 \times y = 40x^2y^3$

(2) $\dfrac{1}{4}xy^3 \times 8y = \dfrac{1}{4} \times 8 \times x \times y^3 \times y = 2xy^4$

(3) $12ab \times \dfrac{2}{3}a = 12 \times \dfrac{2}{3} \times a^2 \times b = 8a^2b$

(4) $\dfrac{8}{3}a^3b^2 \div \dfrac{2}{9}ab^2 = \dfrac{8 \times a^3 \times b^2 \times 9}{3 \times 2 \times a \times b^2} = 12a^2$

(5) $12ab \div \dfrac{3}{4}b = 12ab \times \dfrac{4}{3b} = 16a$

(6) $6x^2y \div 2xy = \dfrac{6x^2y}{2xy} = 3x$

(7) $32ab^2 \div (-4b) = -\dfrac{32ab^2}{4b} = -8ab$

(8) $12x^3 \div 2x^2 = \dfrac{12x^3}{2x^2} = 6x$

4

(1) $-6x^3$	**(2)** $3ab^2$	**(3)** $-\dfrac{2}{3}x$
(4) $-2ab$	**(5)** $20a$	**(6)** $8x^3$
(7) $-2a^2b$		

解説

(1) $3x^2 \div (-y^2) \times 2xy^2 = -\dfrac{3x^2 \times 2xy^2}{y^2} = -6x^3$

(2) $12a^3b \div (-2a)^2 \times b = \dfrac{12a^3b \times b}{4a^2} = 3ab^2$

(3) $6x^4 \div (-3x^2) \div 3x = -\dfrac{6x^4}{3x^2 \times 3x} = -\dfrac{2}{3}x$

(4) $-3a^2 \times (-2b)^2 \div 6ab = -\dfrac{3a^2 \times 4b^2}{6ab} = -2ab$

(5) $(-5a)^2 \times 8b \div 10ab = \dfrac{25a^2 \times 8b}{10ab} = 20a$

(6) $14x^2y \div (-7y)^2 \times 28xy = \dfrac{14x^2y \times 28xy}{49y^2} = 8x^3$

(7) $\dfrac{4}{3}ab^2 \div 2b \times (-3a) = -\dfrac{4ab^2 \times 3a}{3 \times 2b} = -2a^2b$

5

(1) $6a - 5b$	**(2)** $9a + 4b$
(3) $4a + 3$	**(4)** $3a - 5a^2$
(5) $3a - 2$	**(6)** $2x - 3y$
(7) $-4a + 6b$	**(8)** $a - 3b$

解説

(1) $(24a - 20b) \div 4 = (24a - 20b) \times \dfrac{1}{4} = 6a - 5b$

(2) $(54ab + 24b^2) \div 6b = (54ab + 24b^2) \times \dfrac{1}{6b}$

$= 9a + 4b$

(3) $(12a^2 + 9a) \div 3a = (12a^2 + 9a) \times \dfrac{1}{3a} = 4a + 3$

---

(4) $(9a^2b - 15a^3b) \div 3ab = (9a^2b - 15a^3b) \times \dfrac{1}{3ab}$

$= 3a - 5a^2$

(5) $(9a^2 - 6a) \div 3a = (9a^2 - 6a) \times \dfrac{1}{3a} = 3a - 2$

(6) $(8x^2 - 12xy) \div 4x = (8x^2 - 12xy) \times \dfrac{1}{4x}$

$= 2x - 3y$

(7) $(-8ab + 12b^2) \div 2b = (-8ab + 12b^2) \times \dfrac{1}{2b}$

$= -4a + 6b$

(8) $(a^2b - 3ab^2) \div ab = (a^2b - 3ab^2) \times \dfrac{1}{ab} = a - 3b$

---

4 数と式の利用

問題→P.19

1

(1) 18	**(2)** -48	**(3)** $-\dfrac{9}{2}$
(4) 2	**(5)** -4	**(6)** 8	**(7)** 24
(8) $3 + \sqrt{3}$	**(9)** $-4\sqrt{6}$	**(10)** 40

解説

(1) $a = -3$ を $2a^2$ に代入して，

$\qquad 2a^2 = 2 \times (-3)^2 = 2 \times 9 = 18$

(2) $4xy \times \dfrac{y^2}{2} = 2xy^3$，$2xy^3$ に $x = 3$，$y = -2$ を代入。

$\qquad 2 \times 3 \times (-2)^3 = 6 \times (-8) = -48$

(3) $\dfrac{1}{6}a^2b \times a^3b^2 \div \left(-\dfrac{1}{2}ab\right)^2 = \dfrac{2}{3}a^3b$，

$\dfrac{2}{3}a^3b$ に $a = -3$，$b = \dfrac{1}{4}$ を代入。

$\qquad \dfrac{2}{3}a^3b = \dfrac{2}{3} \times (-3)^3 \times \dfrac{1}{4} = -\dfrac{9}{2}$

(4) $5x - y - 2(x - 3y) = 3x + 5y$，

$3x + 5y$ に $x = -\dfrac{1}{3}$，$y = \dfrac{3}{5}$ を代入して，

$\qquad 3 \times \left(-\dfrac{1}{3}\right) + 5 \times \dfrac{3}{5} = -1 + 3 = 2$

(5) $3(2x - 3y) - (x - 8y) = 5x - y$，

$5x - y$ に $x = -\dfrac{1}{5}$，$y = 3$ を代入して，

$\qquad 5 \times \left(-\dfrac{1}{5}\right) - 3 = -1 - 3 = -4$

(6) $(a^2b+2b^2)\div b=a^2+2b$,

a^2+2b に $a=3$, $b=-\dfrac{1}{2}$ を代入して,

$$3^2+2\times\left(-\dfrac{1}{2}\right)=9-1=8$$

(7) $(2a-5)^2-4a(a-3)$

$=4a^2-20a+25-4a^2+12a=-8a+25$

$-8a+25$ に $a=\dfrac{1}{8}$ を代入して,

$$-8\times\dfrac{1}{8}+25=-1+25=24$$

(8) $x=\sqrt{3}+1$, $y=\sqrt{3}-1$ より,

$xy+x=x(y+1)=(\sqrt{3}+1)(\sqrt{3}-1+1)$

$\qquad=(\sqrt{3}+1)\sqrt{3}=3+\sqrt{3}$

(9) $x=\sqrt{3}+\sqrt{2}$, $y=\sqrt{3}-\sqrt{2}$ より,

$xy=(\sqrt{3}+\sqrt{2})(\sqrt{3}-\sqrt{2})=3-2=1$

$y+x=(\sqrt{3}-\sqrt{2})+(\sqrt{3}+\sqrt{2})=2\sqrt{3}$

$y-x=(\sqrt{3}-\sqrt{2})-(\sqrt{3}+\sqrt{2})=-2\sqrt{2}$

よって, $\dfrac{y}{x}-\dfrac{x}{y}=\dfrac{y^2-x^2}{xy}=\dfrac{(y+x)(y-x)}{xy}$

$\qquad\qquad\qquad=\dfrac{2\sqrt{3}\times(-2\sqrt{2})}{1}$

$\qquad\qquad\qquad=-4\sqrt{6}$

(10) $ab^2-81a=a(b^2-81)=a(b+9)(b-9)$

これに $a=\dfrac{1}{7}$, $b=19$ を代入して,

$$\dfrac{1}{7}\times(19+9)\times(19-9)=\dfrac{1}{7}\times28\times10=40$$

より,

$\qquad a=10x+7$

(5) x の2倍 $+5>y$ より, $2x+5>y$

(6) （時間）＝（道のり）÷（速さ）より,

$$y=1500\div x=\dfrac{1500}{x}$$

(7) （満水時間）＝（水槽の容量）÷（毎分の水量）

より,

$$（満水時間）=360\div x=\dfrac{360}{x}\ （分）$$

求めるのは y 時間だから,

$$y=\dfrac{360}{x}\div60=\dfrac{6}{x}\ （時間）$$

(8) （代金合計）＝（鉛筆3本）＋（ノート5冊）

$a\times3+b\times5=3a+5b$ より,

$\qquad 3a+5b>500$

3		
(1) ア, ウ	(2) $2\times3^2\times5$	
(3) $n=15$	(4) $n=6$	(5) $n=99$
(6) 59	(7) $n=194$	(8) 7個

解説

(1) ア：正。正の数の平方根は＋，－の2つ。

$\qquad$ イ：誤。$\sqrt{25}-\sqrt{16}=5-4=1$

$\qquad$ ウ：正。$\sqrt{(-7)^2}=\sqrt{49}=7$

$\qquad$ エ：誤。$\sqrt{3}\times2=2\sqrt{3}$, $\sqrt{6}=\sqrt{3}\times\sqrt{2}$

(2) $90=9\times10=3^2\times2\times5=2\times3^2\times5$

(3) $60n=2^2\times3\times5\times n$ より, $n=3\times5=15$

(4) $24n=2^3\times3\times n$ より, $n=2\times3=6$

(5) $306-3n=3(102-n)$ より, （ ）の中を最小
$\qquad$ （＝n が最大）にするには, （ ）の中を3にする。

$\qquad\qquad 102-n=3$, $n=99$

(6) 4で割ると3余る…1たすと4で割り切れる
$\qquad$ 5で割ると4余る…1たすと5で割り切れる
$\qquad$ 6で割ると5余る…1たすと6で割り切れる
$\qquad$ よって, 求める自然数を n とすると,
$\qquad n+1$ は4, 5, 6の最小公倍数で60
$\qquad n+1=60$ だから, $n=59$

(7) n は $100\leqq n\leqq300$ だから,
$\qquad 2020+n$ は 2120 以上 2320 以下である。
$\qquad$ 123の倍数は 123×17, $123\times18,\cdots$
$\qquad$ 範囲内にあるのは $123\times18=2214$ だけ。
$\qquad n=2214-2020=194$

(8) $A=10a+b\ (a>b\geqq1)$ とすると, $B=10b+a$

2		
(1) $a=2b+3$	(2) $a=5b+3$	
(3) $8a+b<500$	(4) $a=10x+7$	
(5) $2x+5>y$	(6) $y=\dfrac{1500}{x}$	
(7) $y=\dfrac{6}{x}$	(8) $3a+5b>500$	

解説

(1) （割られる数）＝（割る数）×（商）＋（余り）より,

$\qquad a=2b+3$

(2) （総数）＝（本数）×（人数）＋（余り）より,

$\qquad a=5b+3$

(3) （全体）＝（ag の品物8個）＋（箱 bg）より,

$\qquad 8a+b<500$ （未満は ＝ がつかない。）

(4) （全体 $a$cm）＝（10cmのテープ x 本）＋（余り7cm）

$$A - B = 10a + b - (10b + a) = 9(a - b)$$
$$A - B + 9 = 9(a - b + 1) = 3^2 \times (a - b + 1)$$

$A - B + 9$ が平方数になるには，$a - b + 1\ (>0)$ が平方数であればよい。よって，

$a - b + 1 = 1$ … なし（$a = b$ は不可）

$a - b + 1 = 4$ … $(4, 1)$, $(5, 2)$, $(6, 3)$,
$\qquad\qquad\qquad (7, 4)$, $(8, 5)$, $(9, 6)$

$a - b + 1 = 9$ … $(9, 1)$

の7組。よって，求める A の個数は7個。

4

(1) ウ	**(2)** 10個	**(3)** 6, 7, 8
(4) 5	**(5)** 2, 5, 7, 8	**(6)** $\dfrac{10}{3}$

(7) （a の範囲） $3465 \leqq a < 3475$

　　 （月の直径） $3.5 \times 10^3 \text{km}$

解説

(1) 偶数 + 1 はつねに奇数になるので，$2n + 1$

(2) $5 < \sqrt{a} < 6$ の全体を2乗して，
$25 < a < 36$ より，a は26～35の10個。

(3) $2.4 < \sqrt{a} < 3$ の全体を2乗して，
$5.76 < a < 9$ より，a は6，7，8。

(4) $4.5^2 < 21 < 4.6^2$ より，$\sqrt{21} = 4.5\cdots$
よって，$\sqrt{21}$ を小数で表したときの小数第1位は5である。

(5) 560を素因数分解すると，$560 = 2^4 \times 5 \times 7$
4つのうち2つは5と7。残りの2数は異なる数なので2と8。よって，4数は2，5，7，8。

(6) $3.3^2 = 10.89$，$\left(\dfrac{10}{3}\right)^2 = \dfrac{100}{9} = 11.11\cdots$ だから，

$$3.3 < \sqrt{11} < \dfrac{10}{3}$$

(7) 一の位を四捨五入して，3470kmなので，
$$3465 \leqq a < 3475$$
月の直径を，有効数字2桁で表すと，
$$3.5 \times 10^3 \text{km}$$

5

A：$n + 4$, a：5, b：2, c：3, d：5

解説

最も大きい数（n から5番目の数）は $n + 4$
連続する5つの自然数の和は，
$$n + (n+1) + (n+2) + (n+3) + (n+4)$$
$$= 5n + 10 = 5(n + 2)$$

よって，和は，小さい方から3番目の数の5倍である。

6

(1) ①$n+1$	②$n+2$	③$n+1$
(2) ウ	**(3)** 29, 30, 31	

解説

(1) 連続する整数は1ずつ増えるので，3つの整数は，n，①$n+1$，②$n+2$ となる。
和は，$n + (n+1) + (n+2) = 3n + 3 = 3(③n+1)$

(2) $n+1$ は中央の整数だから，和はつねにその3倍になる。 ⇨ ウが正しい。
ア，イ：$n+1$ は中央の整数であるから誤。
エ：中央の数が奇数のときは成り立たない。

(3) $n+1$ の3倍が90だから，$n+1$ は30。
$n = 30 - 1 = 29$ （方程式で解いてもよい。）
よって，3つの整数は29，30，31である。

PART1 数と式　問題→P.25

5 因数分解

1

(1)	$(x+4)(x-4)$
(2)	$(x+2y)(x-2y)$
(3)	$(x+3)(x-2)$
(4)	$(x+9)(x-3)$
(5)	$(x+2)(x-6)$
(6)	$(x+3)(x-5)$
(7)	$(x+5)(x-6)$
(8)	$xy(x-1)$

解説

(1) $x^2 - 16 = x^2 - 4^2 = (x+4)(x-4)$

(2) $x^2 - 4y^2 = x^2 - (2y)^2 = (x+2y)(x-2y)$

(3) $x^2 + x - 6 = x^2 + \{3 + (-2)\}x + 3 \times (-2)$
$\qquad = (x+3)(x-2)$

(4) $x^2 + 6x - 27 = x^2 + \{9 + (-3)\}x + 9 \times (-3)$
$\qquad = (x+9)(x-3)$

(5) $x^2 - 4x - 12 = x^2 + \{2 + (-6)\}x + 2 \times (-6)$
$\qquad = (x+2)(x-6)$

(6) $x^2 - 2x - 15 = x^2 + \{3 + (-5)\}x + 3 \times (-5)$
$\qquad = (x+3)(x-5)$

(7) $x^2 - x - 30 = x^2 + \{5 + (-6)\}x + 5 \times (-6)$
$\qquad = (x+5)(x-6)$

(8) $x^2 y - xy = xy \times x - xy \times 1 = xy(x-1)$

2

(1) $2(x+1)(x-5)$ (2) $3(x+4)(x-1)$

(3) $a(x-3)(x-9)$ (4) $6(x+2)(x-2)$

(5) $(x+4)(x-2)$ (6) $(3x+7)(3x-7)$

(7) $(x+6)(x-1)$ (8) $(a+2)(a-6)$

解説

(1) $2x^2-8x-10=2(x^2-4x-5)=2(x+1)(x-5)$

(2) $3x^2+9x-12=3(x^2+3x-4)$

$=3\{x^2+(4-1)x+4\times(-1)\}=3(x+4)(x-1)$

(3) $ax^2-12ax+27a=a(x^2-12x+27)$

$=a(x-3)(x-9)$

(4) $6x^2-24=6(x^2-4)=6(x+2)(x-2)$

(5) $(x+5)(x-1)-2x-3=x^2+4x-5-2x-3$

$=x^2+2x-8=(x+4)(x-2)$

(6) $(3x+1)^2-2(3x+25)$

$=9x^2+6x+1-(6x+50)$

$=9x^2-49=(3x+7)(3x-7)$

(7) $X=x+2$とおいて，

$(x+2)^2+(x+2)-12=X^2+X-12$

$=(X+4)(X-3)=(x+2+4)(x+2-3)$

$=(x+6)(x-1)$

(8) $A=a-4$とおいて，

$(a-4)^2+4(a-4)-12=A^2+4A-12$

$=(A+6)(A-2)=(a-4+6)(a-4-2)$

$=(a+2)(a-6)$

PART1 数と式

6 式の展開

問題→P.27

1

(1) $x^2+8x+16$ (2) $x^2+2x-15$

(3) $x^2-12x+35$ (4) $28x+60$

(5) $-13x+10$ (6) $5x^2+8x-33$

(7) x^2-3y^2 (8) $5a-6$

(9) $8x+40$ (10) x^2-4x-3

(11) x^2 (12) $2xy+9y^2$

(13) $-4x-3$ (14) $6x$

(15) $9x+29$ (16) $2x+9$

解説

(1) $(x+4)^2=x^2+2\times4\times x+4^2=x^2+8x+16$

(2) $(x+5)(x-3)=x^2+(5-3)x+5\times(-3)$

$=x^2+2x-15$

(3) $(x-5)(x-7)=x^2+(-5-7)x+(-5)\times(-7)$

$=x^2-12x+35$

(4) $(x+9)^2-(x-3)(x-7)$

$=x^2+18x+81-(x^2-10x+21)=28x+60$

(5) $(x-4)^2-(x+2)(x+3)$

$=x^2-8x+16-(x^2+5x+6)=-13x+10$

(6) $(2x-7)(2x+7)+(x+4)^2$

$=4x^2-49+x^2+8x+16=5x^2+8x-33$

(7) $(x+y)(x-3y)+2xy$

$=x^2-2xy-3y^2+2xy=x^2-3y^2$

(8) $(a+2)(a-1)-(a-2)^2$

$=a^2+a-2-(a^2-4a+4)=5a-6$

(9) $(x+5)^2-(x+5)(x-3)$

$=x^2+10x+25-(x^2+2x-15)=8x+40$

(10) $(2x+3)(x-1)-x(x+5)$

$=2x^2+x-3-x^2-5x=x^2-4x-3$

(11) $(2x-3)(x+2)-(x-2)(x+3)$

$=2x^2+x-6-(x^2+x-6)=x^2$

(12) $x(x+2y)-(x+3y)(x-3y)$

$=x^2+2xy-(x^2-9y^2)=2xy+9y^2$

(13) $(x-6)(x+2)-(x+3)(x-3)$

$=x^2-4x-12-(x^2-9)=-4x-3$

(14) $(x+4)(x-4)-(x+2)(x-8)$

$=x^2-16-(x^2-6x-16)=6x$

(15) $(x+4)(x+5)-(x+3)(x-3)$

$=x^2+9x+20-(x^2-9)=9x+29$

(16) $(x+5)(x+9)-(x+6)^2$

$=x^2+14x+45-(x^2+12x+36)$

$=2x+9$

PART1 数と式

7 規則性

問題→P.29

1

(1) 17 (2) $3n-1$ (3) 5個

解説

(1) n行目の左端は $2n$ と表せる。7行目の左端は $2\times7=14$ である。よって，左から4番目は，14，15，16，<u>17</u>

(2) 右端は，1行目から2，5，8，…と3ずつ増えていくので，n行目の右端は，$2+3(n-1)=3n-1$ と表される。

(3) 左端は $2n$，右端は $3n-1$ で，その間に 31 がある n を求めると，$2n\leqq31\leqq3n-1$

$2n\leqq31$ より，$n\leqq15.5$

$31\leqq3n-1$ より，$(31+1)\div3=10.6\cdots\leqq n$

合わせて，$10.6\cdots \leqq n \leqq 15.5$

nは自然数だから$n=11$，12，13，14，15の5個。

よって，求める31の個数は5個。

2

33個

解説

正方形（個）　1　2　3　…

マッチ（本）　4　7　10　…

　　　　　　　　3　3　…

n個の正方形には，$4+3(n-1)=3n+1$（本）のマッチ棒が必要。100本のマッチ棒では，

$3n+1=100$より，$n=33$（個）

よって，正方形は33個できる。

3

$20n+5$（cm²）

解説

正方形の紙が1枚のとき，横の長さは5cm，

2枚のとき，横の長さは$5+4=9$（cm），

3枚のとき，横の長さは$5+4+4=13$（cm），

より，n枚のときの横の長さは

$5+4(n-1)=4n+1$（cm）

縦の長さは5cmで一定なので，求める図形の面積は，

$5\times (4n+1)=20n+5$（cm²）

---

1 2次方程式

問題→P.33

1

(1) $x=3,\ -8$ 　(2) $x=0,\ 9$

(3) $x=5,\ -4$ 　(4) $x=2,\ 3$

(5) $x=-5,\ -7$ 　(6) $x=4,\ -1$

解説

(1) $(x-3)(x+8)=0$ 　$x-3=0$より，$x=3$

$x+8=0$より，$x=-8$ 　　$x=3,\ -8$

(2) $x^2-9x=0$ 　$x(x-9)=0$ 　$x=0,\ 9$

(3) $x^2-x-20=0$ 　$(x-5)(x+4)=0$

$x=5,\ -4$

(4) $x^2-5x+6=0$ 　$(x-2)(x-3)=0$

$x=2,\ 3$

(5) $x^2+12x+35=0$ 　$(x+5)(x+7)=0$

$x=-5,\ -7$

(6) $x^2-3x-4=0$ 　$(x-4)(x+1)=0$

$x=4,\ -1$

2

(1) $x=\dfrac{-1\pm\sqrt{13}}{2}$ 　(2) $x=\dfrac{3\pm\sqrt{5}}{2}$

(3) $x=\dfrac{5\pm\sqrt{13}}{2}$ 　(4) $x=4\pm\sqrt{23}$

(5) $x=\dfrac{-5\pm\sqrt{13}}{2}$ 　(6) $x=\dfrac{-5\pm\sqrt{41}}{2}$

(7) $x=\dfrac{7\pm\sqrt{41}}{2}$ 　(8) $x=-3\pm\sqrt{7}$

(9) $x=-1\pm\sqrt{2}$ 　(10) $x=\dfrac{-5\pm\sqrt{17}}{2}$

解説

(1) $x^2+x-3=0$

$x=\dfrac{-1\pm\sqrt{1^2-4\times 1\times (-3)}}{2\times 1}=\dfrac{-1\pm\sqrt{13}}{2}$

(2) $x^2-3x+1=0$

$x=\dfrac{-(-3)\pm\sqrt{(-3)^2-4\times 1\times 1}}{2\times 1}=\dfrac{3\pm\sqrt{5}}{2}$

(3) $x^2-5x+3=0$

$x=\dfrac{-(-5)\pm\sqrt{(-5)^2-4\times 1\times 3}}{2\times 1}=\dfrac{5\pm\sqrt{13}}{2}$

(4) $x^2-8x-7=0$

$x=\dfrac{-(-8)\pm\sqrt{(-8)^2-4\times 1\times (-7)}}{2\times 1}$

$$= \frac{8 \pm \sqrt{92}}{2} = \frac{8 \pm 2\sqrt{23}}{2} = 4 \pm \sqrt{23}$$

(5) $x^2 + 5x + 3 = 0$

$$x = \frac{-5 \pm \sqrt{5^2 - 4 \times 1 \times 3}}{2 \times 1} = \frac{-5 \pm \sqrt{13}}{2}$$

(6) $x^2 + 5x - 4 = 0$

$$x = \frac{-5 \pm \sqrt{5^2 - 4 \times 1 \times (-4)}}{2 \times 1} = \frac{-5 \pm \sqrt{41}}{2}$$

(7) $x^2 - 7x + 2 = 0$

$$x = \frac{-(-7) \pm \sqrt{(-7)^2 - 4 \times 1 \times 2}}{2 \times 1} = \frac{7 \pm \sqrt{41}}{2}$$

(8) $x^2 + 6x + 2 = 0$

$$x = \frac{-6 \pm \sqrt{6^2 - 4 \times 1 \times 2}}{2 \times 1} = \frac{-6 \pm \sqrt{28}}{2}$$

$$= \frac{-6 \pm 2\sqrt{7}}{2} = -3 \pm \sqrt{7}$$

(9) $x^2 + 2x - 1 = 0$

$$x = \frac{-2 \pm \sqrt{2^2 - 4 \times 1 \times (-1)}}{2 \times 1} = \frac{-2 \pm \sqrt{8}}{2}$$

$$= \frac{-2 \pm 2\sqrt{2}}{2} = -1 \pm \sqrt{2}$$

(10) $x^2 + 5x + 2 = 0$

$$x = \frac{-5 \pm \sqrt{5^2 - 4 \times 1 \times 2}}{2 \times 1} = \frac{-5 \pm \sqrt{17}}{2}$$

〈注意〉2次方程式

$$ax^2 + bx + c = 0$$

で解の公式を使うとき，上の(4)(8)(9)のようにbが偶数のとき，約分できる。

3

(1) $x = \dfrac{-5 \pm \sqrt{17}}{4}$ 　**(2)** $x = \dfrac{-1 \pm \sqrt{33}}{4}$

(3) $x = \dfrac{1 \pm \sqrt{7}}{6}$ 　**(4)** $x = \dfrac{5 \pm \sqrt{13}}{6}$

(5) $x = \dfrac{3 \pm \sqrt{17}}{4}$ 　**(6)** $x = \dfrac{-7 \pm \sqrt{37}}{6}$

解説

(1) $2x^2 + 5x + 1 = 0$

$$x = \frac{-5 \pm \sqrt{5^2 - 4 \times 2 \times 1}}{2 \times 2} = \frac{-5 \pm \sqrt{17}}{4}$$

(2) $2x^2 + x - 4 = 0$

$$x = \frac{-1 \pm \sqrt{(-1)^2 - 4 \times 2 \times (-4)}}{2 \times 2} = \frac{-1 \pm \sqrt{33}}{4}$$

(3) $6x^2 - 2x - 1 = 0$

$$x = \frac{-(-2) \pm \sqrt{(-2)^2 - 4 \times 6 \times (-1)}}{2 \times 6} = \frac{2 \pm \sqrt{28}}{12}$$

$$= \frac{2 \pm 2\sqrt{7}}{12} = \frac{1 \pm \sqrt{7}}{6}$$

(4) $3x^2 - 5x + 1 = 0$

$$x = \frac{-(-5) \pm \sqrt{(-5)^2 - 4 \times 3 \times 1}}{2 \times 3} = \frac{5 \pm \sqrt{13}}{6}$$

(5) $2x^2 - 3x - 1 = 0$

$$x = \frac{-(-3) \pm \sqrt{(-3)^2 - 4 \times 2 \times (-1)}}{2 \times 2} = \frac{3 \pm \sqrt{17}}{4}$$

(6) $3x^2 + 7x + 1 = 0$

$$x = \frac{-7 \pm \sqrt{7^2 - 4 \times 3 \times 1}}{2 \times 3} = \frac{-7 \pm \sqrt{37}}{6}$$

4

(1) $x = -1 \pm \sqrt{3}$ 　**(2)** $x = 4 \pm \sqrt{7}$

(3) $x = 0,\ 3$ 　**(4)** $x = \dfrac{-3 \pm \sqrt{13}}{2}$

(5) $x = 6,\ -2$ 　**(6)** $x = \dfrac{-3 \pm \sqrt{17}}{4}$

(7) $x = -5,\ 1$ 　**(8)** $x = \pm\sqrt{15}$

(9) $x = 1 \pm \sqrt{2}$ 　**(10)** $x = \dfrac{3 \pm \sqrt{17}}{4}$

解説

(1) $(x+1)^2 = 3$ 　　$x + 1 = \pm\sqrt{3}$ 　　$x = -1 \pm \sqrt{3}$

(2) $(x-4)^2 = 7$ 　　$x - 4 = \pm\sqrt{7}$ 　　$x = 4 \pm \sqrt{7}$

(3) $(x-5)(x+2) = -10$

整理して，$x^2 - 3x = 0$

$x(x-3) = 0$ 　　$x = 0,\ 3$

(4) $x(x+3) = 1$

整理して，$x^2 + 3x - 1 = 0$

$$x = \frac{-3 \pm \sqrt{3^2 - 4 \times 1 \times (-1)}}{2 \times 1} = \frac{-3 \pm \sqrt{13}}{2}$$

(5) $x(x-1) = 3(x+4)$

整理して，$x^2 - 4x - 12 = 0$

$(x-6)(x+2) = 0$ 　　$x = 6,\ -2$

(6) $2x^2 - 2x = 1 - 5x$

整理して，$2x^2 + 3x - 1 = 0$

$$x = \frac{-3 \pm \sqrt{3^2 - 4 \times 2 \times (-1)}}{2 \times 2} = \frac{-3 \pm \sqrt{17}}{4}$$

(7) $2x^2 + 4x - 7 = x^2 - 2$

整理して，$x^2 + 4x - 5 = 0$

$(x+5)(x-1) = 0$ 　　$x = -5,\ 1$

(8) $(x+4)(x-4)=-1$

整理して, $x^2-15=0$　　$x^2=15$　　$x=\pm\sqrt{15}$

(9) $(x-1)^2-2=0$

2を移項して, $(x-1)^2=2$　　$x-1=\pm\sqrt{2}$

$x=1\pm\sqrt{2}$

(10) $2x^2+x=4x+1$

整理して, $2x^2-3x-1=0$

$$x=\frac{-(-3)\pm\sqrt{(-3)^2-4\times2\times(-1)}}{2\times2}=\frac{3\pm\sqrt{17}}{4}$$

$$x=\frac{-(-6)\pm\sqrt{(-6)^2-4\times1\times(-1)}}{2\times1}=\frac{6\pm\sqrt{40}}{2}$$

$$=\frac{6\pm2\sqrt{10}}{2}=3\pm\sqrt{10}$$

(7) $2(x+3)(x-3)=(x-6)(x-5)+9x$

整理して, $x^2+2x-48=0$

$(x-6)(x+8)=0$　　$x=6,\ -8$

5

(1) $x=-8,\ 7$　　**(2)** $x=5,\ -2$

(3) $x=-2\pm\sqrt{10}$　　**(4)** $x=\dfrac{3\pm\sqrt{37}}{2}$

(5) $x=\dfrac{1\pm\sqrt{17}}{2}$　　**(6)** $x=3\pm\sqrt{10}$

(7) $x=6,\ -8$

解説

(1) $(x-6)(x+6)=20-x$

整理して, $x^2+x-56=0$

$(x+8)(x-7)=0$　　$x=-8,\ 7$

(2) $(x+6)(x-2)+2=7x$

整理して, $x^2-3x-10=0$

$(x-5)(x+2)=0$　　$x=5,\ -2$

(3) $(2x-1)(x+8)=7x+4$

整理して, $2x^2+8x-12=0$

$x^2+4x-6=0$

$$x=\frac{-4\pm\sqrt{4^2-4\times1\times(-6)}}{2\times1}=\frac{-4\pm\sqrt{40}}{2}$$

$$=\frac{-4\pm2\sqrt{10}}{2}=-2\pm\sqrt{10}$$

(4) $(2x+1)(2x-1)=(x+5)(x+4)$

整理して, $3x^2-9x-21=0$

$x^2-3x-7=0$

$$x=\frac{-(-3)\pm\sqrt{(-3)^2-4\times1\times(-7)}}{2\times1}=\frac{3\pm\sqrt{37}}{2}$$

(5) $(x+3)(x-8)+4(x+5)=0$

整理して, $x^2-x-4=0$

$$x=\frac{-(-1)\pm\sqrt{(-1)^2-4\times1\times(-4)}}{2\times1}=\frac{1\pm\sqrt{17}}{2}$$

(6) $\dfrac{1}{4}(x+1)^2=\dfrac{1}{3}(x+1)(x-1)+\dfrac{1}{2}$

両辺に12をかけて整理すると, $x^2-6x-1=0$

6

(1) $x=\dfrac{7\pm\sqrt{13}}{6}$　　**(2)** $x=\dfrac{-5\pm\sqrt{13}}{2}$

(3) $x=1\pm2\sqrt{2}$　　**(4)** $x=\dfrac{-5\pm\sqrt{5}}{2}$

解説

(1) $3(x-1)^2-(x-1)-1=0$

$A=x-1$とおくと, $3A^2-A-1=0$

これを解くと, $A=\dfrac{1\pm\sqrt{13}}{6}$

$x=A+1=\dfrac{1\pm\sqrt{13}}{6}+1=\dfrac{7\pm\sqrt{13}}{6}$

(2) $(x+2)^2+(x+2)-3=0$

$A=x+2$とおくと, $A^2+A-3=0$

これを解くと, $A=\dfrac{-1\pm\sqrt{13}}{2}$

$x=A-2=\dfrac{-1\pm\sqrt{13}}{2}-2=\dfrac{-5\pm\sqrt{13}}{2}$

(3) $(x+1)^2-4(x+1)+3=7$

$A=x+1$とおくと, $A^2-4A-4=0$

これを解くと, $A=2\pm2\sqrt{2}$

$x=A-1=2\pm2\sqrt{2}-1=1\pm2\sqrt{2}$

(4) $(x+4)^2-3(x+4)+2=1$

$A=x+4$とおくと, $A^2-3A+1=0$

これを解くと, $A=\dfrac{3\pm\sqrt{5}}{2}$

$x=A-4=\dfrac{3\pm\sqrt{5}}{2}-4=\dfrac{-5\pm\sqrt{5}}{2}$

2 連立方程式

問題→P.37

1

(1) $x=1,\ y=-3$

(2) $x=-3,\ y=5$

(3) $x=2,\ y=-1$

(4) $x=1,\ y=6$

(5) $x=4,\ y=-3$

(6) $x=3,\ y=-2$

(7) $x=2,\ y=6$

(8) $x=5,\ y=-2$

解説

(1) $\begin{cases} 2x-3y=11 & \cdots① \\ y=x-4 & \cdots② \end{cases}$

②を①に代入して，

$2x-3(x-4)=11$ より， $-x=-1,\ x=1$

$y=1-4=-3$

(2) $\begin{cases} 2x+3y=9 & \cdots① \\ y=3x+14 & \cdots② \end{cases}$

②を①に代入して，

$2x+3(3x+14)=9$ より， $x=-3$

$y=3\times(-3)+14=5$

(3) $\begin{cases} y=5-3x & \cdots① \\ x-2y=4 & \cdots② \end{cases}$

①を②に代入して， $x-2(5-3x)=4,\ x=2$

$x=2$を①に代入して， $y=5-3\times2=-1$

(4) $\begin{cases} x+y=7 & \cdots① \\ 3x-y=-3 & \cdots② \end{cases}$

①＋②より， $4x=4,\ x=1$

$x=1$を①に代入して， $1+y=7,\ y=6$

(5) $\begin{cases} 2x+3y=-1 & \cdots① \\ -4x-5y=-1 & \cdots② \end{cases}$

①×2＋②より， $y=-3$

$y=-3$を①に代入して，

$2x+3\times(-3)=-1,\ x=4$

(6) $\begin{cases} x-2y=7 & \cdots① \\ 4x+3y=6 & \cdots② \end{cases}$

②－①×4より， $11y=-22,\ y=-2$

$y=-2$を①に代入して， $x+4=7,\ x=3$

(7) $\begin{cases} 7x-y=8 & \cdots① \\ -9x+4y=6 & \cdots② \end{cases}$

①×4＋②より， $19x=38,\ x=2$

$x=2$を①に代入して， $14-y=8,\ y=6$

(8) $\begin{cases} 2x-3y=16 & \cdots① \\ 4x+y=18 & \cdots② \end{cases}$

①＋②×3より， $14x=70,\ x=5$

$x=5$を②に代入して， $20+y=18,\ y=-2$

2

(1) $x=2,\ y=-2$

(2) $x=-1,\ y=-\dfrac{1}{2}$

(3) $x=3,\ y=-2$

(4) $x=6,\ y=-4$

(5) $x=-5,\ y=4$

(6) $x=2,\ y=5$

(7) $x=5,\ y=7$

(8) $x=2,\ y=0$

解説

(1) $3x+y=x-y=4$

与式を変形すると， $\begin{cases} 3x+y=4 & \cdots① \\ x-y=4 & \cdots② \end{cases}$

①＋②より， $4x=8,\ x=2$

$x=2$を②に代入して， $2-y=4,\ y=-2$

(2) $\underset{ア}{2x+y}=\underset{イ}{x-5y-4}=\underset{ウ}{3x-y}$

与式を変形すると，

ア＝イより， $x+6y=-4\ \cdots①$

ア＝ウより， $x-2y=0\ \cdots②$

①－②より， $8y=-4,\ y=-\dfrac{1}{2}$

$y=-\dfrac{1}{2}$を②に代入して， $x+1=0,\ x=-1$

(3) $3x-4y=5x-y=17$

与式を変形すると， $\begin{cases} 3x-4y=17 & \cdots① \\ 5x-y=17 & \cdots② \end{cases}$

①－②×4より， $-17x=-51,\ x=3$

$x=3$を②に代入して，

$15-y=17,\ y=-2$

(4) $3x+4y=x+y=2$

与式を変形すると， $\begin{cases} 3x+4y=2 & \cdots① \\ x+y=2 & \cdots② \end{cases}$

①－②×3より， $y=-4$

$y=-4$を②に代入して，

$x-4=2,\ x=6$

(5) $x - y + 1 = 3x + 7 = -2y$

与式を変形すると，$\begin{cases} x + y = -1 & \cdots① \\ 3x + 2y = -7 & \cdots② \end{cases}$

①×3−②より，$y = 4$

$y = 4$を①に代入して，

$x + 4 = -1, \; x = -5$

(6) $\begin{cases} 4x + 5 = 3y - 2 \\ 3x + 2y = 16 \end{cases} \Rightarrow \begin{cases} 4x - 3y = -7 & \cdots① \\ 3x + 2y = 16 & \cdots② \end{cases}$

①×2＋②×3より，

$\begin{array}{r} 8x - 6y = -14 \\ +) \; 9x + 6y = 48 \\ \hline 17x = 34 \\ x = 2 \end{array}$

$x = 2$を②に代入して，

$6 + 2y = 16, \; y = 5$

(7) $\begin{cases} \dfrac{x + y}{3} = \dfrac{1 + y}{2} \\ 3x - 2y = 1 \end{cases}$

上の第一式を整理して，

$\begin{cases} 2x - y = 3 & \cdots① \\ 3x - 2y = 1 & \cdots② \end{cases}$

①×2−②より，$x = 5$

$x = 5$を①に代入して，$10 - y = 3, \; y = 7$

(8) $\begin{cases} 0.3x - 0.2y = 0.6 \\ x + \dfrac{1}{2}(y - 1) = \dfrac{3}{2} \end{cases}$

上の式を整理して，$\begin{cases} 3x - 2y = 6 & \cdots① \\ 2x + y = 4 & \cdots② \end{cases}$

①＋②×2より，$7x = 14, \; x = 2$

$x = 2$を②に代入して，$4 + y = 4, \; y = 0$

3 連立方程式の利用

問題→P.39

1

(1) $a = -5, \; b = 2$　　**(2)** $a = -1, \; b = 1$

(3) 37

(4) 大人27人，子ども38人

(5) 学校から休憩所までの道のりを $x$km，休憩所から目的地までの道のりを $y$km とする。

道のりについて，

$x + y = 98 \quad \cdots①$

時間について，

$\dfrac{x}{60} + \dfrac{1}{3} + \dfrac{y}{40} = 2\dfrac{1}{4} \quad \cdots②$

②を整理にすると，

$2x + 3y = 230 \quad \cdots②'$

②′−①×2より，$y = 34$

$y = 34$を①に代入して，$x = 64$

よって，$x = 64, \; y = 34$より，

学校から休憩所までの道のりは

64km，

休憩所から目的地までの道のりは

34km

解説

(1) $\begin{cases} ax + by = -11 \\ bx + ay = 17 \end{cases}$

に $x = 1, \; y = -3$ を代入して整理すると，

$\begin{cases} a - 3b = -11 & \cdots① \\ -3a + b = 17 & \cdots② \end{cases}$

①×3＋②として解くと，

$a = -5, \; b = 2$

(2) $\begin{cases} ax + by = 1 \\ bx - 2ay = 8 \end{cases}$

に $x = 2, \; y = 3$ を代入して整理すると，

$\begin{cases} 2a + 3b = 1 \\ 2b - 6a = 8 \end{cases} \quad \begin{cases} 2a + 3b = 1 & \cdots① \\ 6a - 2b = -8 & \cdots② \end{cases}$

①×3−②として解くと，

$a = -1, \; b = 1$

(3) もとの自然数の十の位の数を a，一の位の数を b とおくと，

$a + b = 10 \quad \cdots①$

もとの自然数は $10a + b$

aとbを入れかえた自然数は，$10b + a$

よって，$10b+a=10a+b+36$

整理して，

$$9a-9b=-36, \quad a-b=-4 \quad \cdots ②$$

①+②より，$2a=6, \quad a=3$

①に$a=3$を代入して，$b=7$

もとの自然数は，37

(4) 大人x人，子どもy人とすると，

$$\begin{cases} x+y=65 & \cdots ① \\ 400x+100y=14600 & \cdots ② \end{cases}$$

②÷100より，$4x+y=146 \quad \cdots ②'$

②'−①より，$3x=81, \quad x=27$

$x=27$を①に代入して，$y=38$

$x=27, \quad y=38$より，入園したのは，

大人27人，子ども38人

(5) （解答参照）道のりについての式と時間についての式をつくり，連立方程式として解く。

2

(1) ① 42g

② 6%の食塩水450g，
10%の食塩水150g

(2) ① $\begin{cases} x+y=365 \\ 0.8x+0.6y=257 \end{cases}$

② **男子の生徒数190人**
女子の生徒数175人

(3) （例）**チョコレートを2個買った人を**
x人，3個買った人をy人とすると，
人数について，$x+y=28 \quad \cdots ①$
金額について，

$$150 \times 2x+150 \times 3y=10950$$
$$2x+3y=73 \quad \cdots ②$$

①×2−②より，
$$-y=-17, \quad y=17$$

$y=17$を①に代入して，$x+17=28,$
$$x=11$$

よって，

チョコレートを2個買った人 11人
チョコレートを3個買った人 17人

解説

(1) ① 7%の食塩水600gに含まれる食塩は，

$$7\% = \frac{7}{100} = 0.07 より，600 \times 0.07 = 42 \ (g)$$

---

② 次の表をうめてみる。

	6%の食塩水	10%の食塩水	7%の食塩水
食塩水の質量(g)	x	y	600
食塩の割合	0.06	0.1	0.07
食塩の質量(g)	$0.06x$	$0.1y$	600×0.07

上の表から，次の連立方程式ができる。

食塩水の質量より，$x+y=600 \quad \cdots ❶$

食塩の質量より，$0.06x+0.1y=42 \quad \cdots ❷$

❶×10−❷×100より，

$$4x=1800, \quad x=450$$

$x=450$を❶に代入して，$y=150$

よって，

6%の食塩水450g，10%の食塩水150g

(2) ① 生徒数より，$x+y=365 \quad \cdots ❶$

運動部の人数より，$0.8x+0.6y=257$

$$8x+6y=2570 \quad \cdots ❷$$

② ❶×8−❷より，

$$2y=350, \quad y=175$$

$y=175$を❶に代入して，$x=365-175=190$

よって，$\begin{cases} 男子の生徒数は190人 \\ 女子の生徒数は175人 \end{cases}$

(3) 1次方程式で解く場合

チョコレートを2個買った人をx人，3個買った人を$(28-x)$人として，

$$150 \times \{2x+3(28-x)\} = 10950$$

3

(1) $\begin{cases} x+y=100 \\ 4.5x+4y=430 \end{cases} \begin{pmatrix} 4.5x+4y+70=500 \\ でもよい \end{pmatrix}$

(2) 2600円

解説

(1) 10円硬貨x枚，50円硬貨y枚だから，

100日間より，$x+y=100 \quad \cdots ①$

重さより，$4.5x+4y+70=500$

$$4.5x+4y=430 \quad \cdots ②$$

(2) ①×9−②×2より，$y=40$

$y=40$を①に代入して，$x=60$

よって，10円硬貨が60枚，50円硬貨が40枚あるから，

$$10 \times 60 + 50 \times 40 = 2600（円）$$

たまっている。

4

(1) ポンプAは毎分30L,
ポンプBは毎分18L
(2) Aが1台, Bが4台

解説

(1) ポンプ A, B でくみ上げる水の量をそれぞれ
毎分 aL, bL とする。
初めの50分から,

$$50(a+b)=2400, \quad a+b=48 \quad \cdots①$$

次の10分から, $10(a+5b)=3600-2400,$

$$a+5b=120 \quad \cdots②$$

②−①より, $4b=72$, $b=18$
$b=18$ を①に代入して, $a=30$
よって, ポンプAは毎分30L, ポンプBは毎分
18L

(2) ポンプAをx台, ポンプBをy台とするとき,
$30x+18y≧100$ を満たし, $8x+5y$ を最小とする
x, y (x, yは負でない整数)を求める。( )内
は金額(万円)。

x	0	1	2	3	4
(	0	8	16	24	32[万円])
y	6	4	3	1	0
(	30	20	15	5	0[万円])
(計	30	28	31	29	32[万円])

よって, ポンプAが1台, ポンプBが4台のとき。

PART2 方程式

4 1次方程式

問題→P.43

1

(1) $x=5$	**(2)** $x=-6$	**(3)** $x=5$
(4) $x=7$	**(5)** $x=20$	**(6)** $x=6$
(7) $x=-\dfrac{1}{3}$	**(8)** $x=\dfrac{4}{5}$	**(9)** $x=4$
(10) $x=6$	**(11)** $x=3$	**(12)** $x=5$

解説

(1) $x=3x-10$, $-2x=-10$, $x=5$

(2) $3x-24=2(4x+3)$
$3x-24=8x+6$, $-5x=30$, $x=-6$

(3) $2x-15=-x$, $3x=15$, $x=5$

(4) $2x+8=5x-13$, $-3x=-21$, $x=7$

(5) $5x-60=2x$, $3x=60$, $x=20$

(6) $5x=3(x+4)$
$5x=3x+12$, $2x=12$, $x=6$

---

(7) $4x-5=x-6$, $3x=-1$, $x=-\dfrac{1}{3}$

(8) $\dfrac{3x+4}{2}=4x$　分母を払って, $3x+4=8x,$

$$-5x=-4, \quad x=\dfrac{4}{5}$$

(9) $5x-2=2(4x-7)$
$5x-2=8x-14$, $-3x=-12$, $x=4,$

(10) $3(x+5)=4x+9$
$3x+15=4x+9$, $-x=-6$, $x=6$

(11) $\dfrac{2x+9}{5}=x$　分母を払って, $2x+9=5x,$

$$-3x=-9, \quad x=3$$

(12) $1.3x-2=0.7x+1$, $13x-20=7x+10,$
$6x=30$, $x=5$

2

(1) $x=10$	**(2)** $x=15$	**(3)** $x=12$
(4) $x=\dfrac{3}{2}$		

解説

「外項の積＝内項の積」で比例式を解く。

(1) $x:6=5:3$
$x×3=6×5$, $3x=30$, $x=10$

(2) $6:8=x:20$
$120=8x$, $x=15$

(3) $3:4=(x-6):8$
$3×8=4(x-6),$
$24=4x-24$, $4x=48$, $x=12$

(4) $5:(9-x)=2:3$
$5×3=(9-x)×2,$

$$15=18-2x, \quad 2x=3, \quad x=\dfrac{3}{2}$$

PART2 方程式

5 1次方程式の利用

問題→P.45

1

(1) $a=3$	**(2)** $a=-5$	**(3)** $-\dfrac{1}{2}$

解説

(1) $ax+9=5x-a$ に $x=6$ を代入して,
$$6a+9=5×6-a$$
$$7a=21, \quad a=3$$

(2) $2x+a-1=0$ に $x=3$ を代入して,

$$2\times3+a-1=0$$
$$a=-5$$

(3) $x:3=(x+4):5,\ 5x=3x+12,\ x=6$

$\dfrac{1}{4}x-2$ に $x=6$ を代入して,

$$\dfrac{1}{4}\times6-2=-\dfrac{1}{2}$$

両辺に3をかけると, $3V=Sh$

右辺と左辺を入れかえて, $Sh=3V$

両辺をSで割って, $h=\dfrac{3V}{S}$

(6) $S=\dfrac{1}{2}\ell r$

両辺に2をかけると, $2S=\ell r$

右辺と左辺を入れかえて, $\ell r=2S$

両辺をrで割って, $\ell=\dfrac{2S}{r}$

2

(1) $a=\dfrac{7c-2b}{5}$ 　　**(2)** $a=\dfrac{2S}{h}-b$

(3) $b=\dfrac{2a-c}{3}$ 　　**(4)** $b=\dfrac{\ell}{2}-a$

(5) $h=\dfrac{3V}{S}$ 　　**(6)** $\ell=\dfrac{2S}{r}$

解説

(1) $5a+2b=7c$

$2b$ を右辺に移項して, $5a=7c-2b$

両辺を5で割って, $a=\dfrac{7c-2b}{5}$

(2) $S=\dfrac{1}{2}(a+b)h$

両辺に2をかけると, $2S=(a+b)h$

右辺と左辺を入れかえて, $(a+b)h=2S$

両辺をhで割って, $a+b=\dfrac{2S}{h}$

b を右辺に移項して, $a=\dfrac{2S}{h}-b$

(3) $a=\dfrac{3b+c}{2}$

両辺に2をかけると, $2a=3b+c$

右辺と左辺を入れかえて, $3b+c=2a$

c を右辺に移項して, $3b=2a-c$

両辺を3で割って, $b=\dfrac{2a-c}{3}$

(4) $\ell=2(a+b)$

右辺と左辺を入れかえて, $2(a+b)=\ell$

両辺を2で割って, $a+b=\dfrac{\ell}{2}$

a を右辺に移項して, $b=\dfrac{\ell}{2}-a$

(5) $V=\dfrac{1}{3}Sh$

3

(1) $x=150$ 　　**(2)** $\dfrac{a+2b}{3}\%$

(3) $\dfrac{a}{13}+\dfrac{b}{18}=1$

解説

(1) $200\times\dfrac{7}{100}=(x+200)\times\dfrac{4}{100}$

両辺に100をかけて,

(2) $\left(100\times\dfrac{a}{100}+200\times\dfrac{b}{100}\right)\div(100+200)\times100$

$$=\dfrac{a+2b}{3}(\%)$$

(3) $\left(\begin{array}{c}13\text{km/h で}a\text{km}\\\text{走る時間}\end{array}\right)+\left(\begin{array}{c}18\text{km/h で}b\text{km}\\\text{走る時間}\end{array}\right)=1(\text{時間})$

$$\dfrac{a}{13}\qquad+\qquad\dfrac{b}{18}\qquad=1$$

4

(1) 18L 　　**(2)** 12個 　　**(3)** 31500円

解説

(1) xLの水を移すとすると, AとBで,

$$(42-x):(42+x)=2:5$$

となる。これを解くと,

$$5(42-x)=2(42+x)$$
$$-7x=-126,\ x=18$$

よって, 18L移せばよい。

（別解）$(42+42)\div\dfrac{5}{2+5}=60$

$$60-42=18(\text{L})$$

(2) Bの箱から取り出した白玉の個数をx個とすると, Aの箱から取り出した赤玉の個数は$2x$個だから,

$$(45-2x):(27-x)=7:5$$
$$5(45-2x)=7(27-x)$$
$$225-10x=189-7x$$
$$-3x=-36,\ x=12$$

よって，Bの箱から取り出した白玉の個数は12個。

(3) クラスの人数をx人とする。

予定では　$700x-500$（円）

実際は　　$700x-500+7500$
$$=700x+7000\text{（円）}$$

これが，1人から$700+200$（円）集めた金額と一致するから，

$$700x+7000=(700+200)\times x,\ x=35$$
費用は，$900\times35=31500$（円）

---

5 | 600m

解説

午前7時30分から7時56分までは26分。

走った時間をx分とすると，歩いたのは$26-x$（分）だから，
$$60(26-x)+100x=1800$$
$$40x+1560=1800$$
$$40x=240,\ x=6$$
6分走ったので，その道のりは，
$$100\times6=600\text{（m）}$$

---

6 | **(1)** $50x-400$（g）　**(2)** 80個

解説

(1) ケーキAを1日にx個つくるとき，Bを$x-20$（個）つくる。それぞれの必要なバターの量をかけて加えると，
$$30x+20(x-20)=50x-400\text{（g）}$$

(2) 必要な小麦粉の総量は，
$$60x+70(x-20)=130x-1400$$
小麦粉がバターの2.5倍であるから，
$$130x-1400=2.5(50x-400)$$
$$5x=400,\ x=80\text{（個）}$$

---

7 | $x=\dfrac{100}{3}$

解説

2%の食塩水をxg，5%の食塩水を$(420-x)$g混ぜるとすると，
$$x\times\frac{2}{100}+(420-x)\times\frac{5}{100}=500\times\frac{4}{100}$$
両辺に100をかけて，
$$2x+2100-5x=2000$$
$$x=\frac{100}{3}$$

PART2 方程式

6 2次方程式の利用

問題→P.49

1 | $x=10$

解説

縦は$x+4$（cm），横は$x+5$（cm）になるから，長方形の面積＝縦×横　より，
$$(x+4)(x+5)=210$$
$$x^2+9x-190=0$$
$$(x+19)(x-10)=0,\ x=-19,\ 10$$
$x>0$より，$x=10$

---

2 | **(1)** $4x+2$（m）

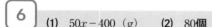
(2) （**方程式**）$x(x+1)=\dfrac{35}{4}$　（**縦**）$\dfrac{5}{2}$m

解説

(1) 縦がxmのとき，横は$x+1$（m）だから，周の長さは，$2(x+x+1)=4x+2$（m）

(2) $x(x+1)=\dfrac{35}{4}$
$$4x^2+4x-35=0$$
$$x=\frac{-4\pm\sqrt{4^2-4\times4\times(-35)}}{2\times4}=-\frac{7}{2},\ \frac{5}{2}$$

$x>0$より，$x=\dfrac{5}{2}$

よって，花だんの縦の長さは，$\dfrac{5}{2}$m

3

Pの縦と横をそれぞれ$x$cm長くしたQ
の体積は，　$2(7+x)(4+x)$ （cm^3）

Pの高さを$x$cm長くしたRの体積は，

$$4 \times 7 \times (2+x)$$ （cm^3）

Qの体積＝Rの体積のとき，

$$2(7+x)(4+x) = 28(2+x)$$

整理すると，

$$x^2 - 3x = 0, \quad x(x-3) = 0$$

$x>0$より，　$x=3$

解説
（解答参照）Qの体積＝Rの体積　とする。

4

(1) 30800円　　**(2)** $4x+240$ （個）

(3) 90円

解説

(1) 120円より10円値下げなので，1日の売上個
数は，　$240 + 4 \times 10 = 280$（個）
売上金額の合計は，　$110 \times 280 = 30800$（円）

(2) 120円よりx円値下げするとき，売上個数は，
$4x + 240$ （個）

(3) 120円では240個売れるから，
120×240 （円）
$(120-x)(240+4x) - 120 \times 240 = 3600$
整理すると，
$$-4x^2 + 240x - 3600 = 0$$
$$x^2 - 60x + 900 = 0$$
$$(x-30)^2 = 0, \quad x = 30$$
120円から30円値下げするときで，90円

5

(1) 9cm　　**(2)** $12-x$ （cm）

(3) 縦を$x$cmのばすと，$7+x$ （cm）
横の長さは，$12-x$ （cm）
面積＝（縦）×（横）より，
$$(7+x)(12-x) = 60$$
$$-x^2 + 5x + 84 = 60$$
$$x^2 - 5x - 24 = 0$$
$$(x-8)(x+3) = 0$$
$x>0$　より，$x=8$
$x=8$は，問題に適する。
よって，面積が60cm^{2}になるのは，
縦を8cmのばしたとき。

解説

(1) 縦を3cmのばすと，のばしてできる長方形の
縦の長さは，
$$7 + 3 = 10$$ （cm）
横の長さを$a$cmとすると，周の長さが38cmより，
$$2(10+a) = 38, \quad a = 9$$ （cm）

(2) 縦を$x$cmのばすと，のばしてできる長方形の
縦の長さは，
$$7 + x$$ （cm）
横の長さを$a$cmとすると，周の長さが38cmより，
$$2(7+x+a) = 38$$
$$a = 12 - x$$ （cm）

(3) （長方形の面積）＝（縦）×（横）

6

$$\frac{1}{2} \times (20-2x) \times 3x = 48$$

2秒後と8秒後

解説

P，Qが同時に出発してからの時間をx秒とする
と，

$$PD = 20 - 2x \text{(cm)}, \quad QD = 3x \text{(cm)}$$

より，

$$\triangle PDQ = \frac{1}{2} \times PD \times QD$$

$$= \frac{1}{2} \times (20-2x) \times 3x$$

よって，

$$\frac{1}{2} \times (20-2x) \times 3x = 48$$

$$-3x^2 + 30x - 48 = 0$$

$$x^2 - 10x + 16 = 0$$
$$(x-2)(x-8) = 0, \quad x = 2, \ 8$$
2秒後と8秒後はどちらも問題に適する。

1 比例と反比例

問題→P.53

1

(1) ウ, $y = 3x$ (2) エ (3) $a = -6$

(4) $\dfrac{3}{2}$ (5) -6

解説

(1) ア：$y = 6x^2$ イ：$y = \dfrac{700}{x}$ ウ：$y = 3x$

エ：$y = x + 50$

(2) ア：$y = x^2$ イ：$y = 500 - x$ ウ：$y = 4x$

エ：$y = \dfrac{12}{x}$

(3) $y = \dfrac{a}{x}$ に $x = 2$, $y = -3$ を代入して,

$$-3 = \dfrac{a}{2} \Rightarrow a = -6$$

(4) y が x に反比例することより, $xy = a$ （一定）,

$$a = (-2) \times 3 = -6 \Rightarrow -6 = -4 \times y \Rightarrow y = \dfrac{3}{2}$$

(5) y が x に反比例することより, $xy = a$ （一定）,

$$a = 3 \times 2 = 6 \Rightarrow 6 = -1 \times y \Rightarrow y = -6$$

2

(1) ① $y = -\dfrac{4}{x}$

②
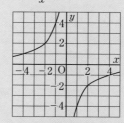

(2) ウ (3) $y = -\dfrac{3}{2}x$

(4) -3 (5) $y = -\dfrac{12}{x}$

(6) $y = -1$ (7) $a = 6$, $b = 2$

解説

(1) ① 反比例の式より, $a = xy = -2 \times 2 = -4$

よって, $y = -\dfrac{4}{x}$

(2) 反比例のグラフより, グラフが通る1点の座標がわかれば, 比例定数 $a = xy$ で, a が決定で

きる。グラフは点$(2, 4)$を通るので，
$$a = 2 \times 4 = 8$$
ア～エの中で，$a = 8$はウ（xは分母になる。）

(3) yがxに比例し，$x = -4$のとき$y = 6$だから，$y = ax$に代入して，
$$6 = a \times (-4), \quad a = -\frac{3}{2}$$
よって，$y = -\frac{3}{2}x$

(4) $y = \frac{12}{x}$より，$x = 1$のとき$y = 12$，$x = 4$のとき$y = 3$だから，xが1から4まで変化するときの変化の割合は，
$$\frac{y\text{の増加量}}{x\text{の増加量}} = \frac{3 - 12}{4 - 1} = \frac{-9}{3} = -3$$

(5) 反比例なので，$a = xy = 3 \times (-4) = -12$
よって，$y = -\frac{12}{x}$

(6) 反比例なので，$a = xy = 6 \times \frac{1}{2} = 3$
$y = \frac{3}{x}$に$x = -3$を代入して，$y = -1$

(7) $x > 0$のとき，$y > 0$であり，このグラフの双曲線は，$1 \leqq x \leqq 3$の範囲でxの値が増加すると，yの値は減少する。
よって，$x = 1$のとき$y = 6$，$a = xy = 6$
$x = 3$のとき$y = b$，$b = \frac{a}{x} = \frac{6}{3} = 2$

3　(1) 9　(2) 8

解説

点Pのx座標をa，Qのx座標を$3a$とすると，
$$P\left(a, \frac{18}{a}\right), \quad Q\left(3a, \frac{6}{a}\right)$$

(1) $\triangle OPR = \frac{1}{2} \times a \times \frac{18}{a} = 9$

(2) Qからx軸に垂直な直線を引き，x軸との交点をTとすると，
$\triangle OQT \backsim \triangle OSR$で相似比は

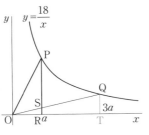

$OT : OR = 3a : a$
$\qquad = 3 : 1$
よって，
$$SR = QT \times \frac{1}{3} = \frac{b}{a} \times \frac{1}{3}$$
$$= \frac{6}{a} \times \frac{1}{3} = \frac{2}{a}$$
$$PS = PR - SR$$
$$= \frac{18}{a} - \frac{2}{a} = \frac{16}{a}$$
したがって，
$$\triangle OPS = \frac{1}{2} \times \frac{16}{a} \times a = 8$$

4　(1) $a = 6$　(2) ウ

(3) ① 11個　② $D\left(\dfrac{2}{3}, 1\right)$

解説

(1) 反比例のグラフで点$(2, 3)$を通るから，
$$a = xy = 2 \times 3 = 6$$

(2) $y = \frac{a}{x}$を変形して，$xy = a$（一定）
$\Rightarrow$ 積は一定
$\Rightarrow$ ウ

(3) ① 図1より，
$y = 0$のとき，$(0, 0)$
$y = 1$のとき，$(1, 1)$，$(2, 1)$，$(3, 1)$，$(4, 1)$，$(5, 1)$，$(6, 1)$
$y = 2$のとき，$(2, 2)$，$(3, 2)$，$(4, 2)$
$y = 3$のとき，$(2, 3)$
全部で11個。

② 直線BPの式は，
$$y = \frac{1}{2}x - 2\text{より，}$$
$$C(4, 0)$$
よって，
$PC : BC$
$= (6 - 4) : \{4 - (-2)\} = 1 : 3$
よって，$\triangle PAC : \triangle BAC = 1 : 3$（$\boxed{2} : \boxed{6}$）
$\triangle ACD = \boxed{2}$とおくと，
$\triangle BCD :$ 四角形ADCP
$= (\boxed{6} - \boxed{2}) : (\boxed{2} + \boxed{2}) = 1 : 1$

21

で，△BCDの面積と四角形ADCPの面積は等しくなる。

このとき，

$$BD:AD=2:1=4:2$$

で，OはABの中点だから，

$$AD:DO:OB=2:1:3$$

よって，点Dのx座標，y座標はともに点Aのx座標，y座標の$\dfrac{1}{2+1}=\dfrac{1}{3}$となる。

$$2\times\dfrac{1}{3}=\dfrac{2}{3},\ 3\times\dfrac{1}{3}=1\ \Rightarrow\ D\left(\dfrac{2}{3},\ 1\right)$$

2 1次関数

問題→P.57

1

(1) $y=-3x-1$ (2) $y=-\dfrac{2}{3}x-2$

(3) $(-2,\ 3)$ (4) $y=-2x+3$

(5) $y=3x-7$ (6) $y=\dfrac{1}{2}x+1$

(7) $y=\dfrac{3}{2}x+6$

解説

(1) 平行 ⇔ 傾きが等しい。求める直線の傾きは-3より，$y=-3x+b$とおける。これに$x=1$，$y=-4$を代入して，$-4=-3\times1+b,\ b=-1$
よって，$y=-3x-1$

(2) 平行 ⇔ 傾きが等しい。求める直線の傾きは$-\dfrac{2}{3}$より，$y=-\dfrac{2}{3}x+b$とおいて$x=-6,\ y=2$を代入すると，

$$2=-\dfrac{2}{3}\times(-6)+b,\ b=2-4=-2$$

よって，$y=-\dfrac{2}{3}x-2$

(3) 交点の座標は連立方程式の解として求める。

$$\begin{cases}y=-\dfrac{1}{2}x+2 & \cdots① \\ y=3x+9 & \cdots②\end{cases}$$

①＝②より，$-\dfrac{1}{2}x+2=3x+9$

$-x+4=6x+18,\ -7x=14,\ x=-2$
$x=-2$を②に代入して，$y=3\times(-2)+9=3,$

$y=3$ よって，交点の座標は$(-2,\ 3)$

(4) y軸について対称なグラフは，x座標の符号が反対になる。よって，求める式は，

$$y=2\times(-x)+3,\ \ y=-2x+3$$

(5) 平行 ⇔ 傾きが等しい。求める直線の傾きは3より，$y=3x+b$とおいて$x=2,\ y=-1$を代入すると，$-1=3\times2+b,\ b=-7$
よって，$y=3x-7$

(6) $y=ax+b$に，それぞれ$\begin{cases}x=4 \\ y=3\end{cases}$，$\begin{cases}x=-2 \\ y=0\end{cases}$

を代入して，

$$\begin{cases}3=4a+b \\ 0=-2a+b\end{cases}$$

これを解いて，$a=\dfrac{1}{2},\ b=1$だから，

$$y=\dfrac{1}{2}x+1$$

(7) グラフより，傾き$a=\dfrac{6-0}{0-(-4)}=\dfrac{3}{2}$

切片$b=6$だから，$y=\dfrac{3}{2}x+6$

3 1次関数の利用

問題→P.59

1

(1) 4 (2) $a=\dfrac{1}{4}$

解説

(1) 点Bのy座標は，直線②：$y=-\dfrac{2}{3}x+4$の切片より，4

(2) aは正の整数で最小となるのは，点$(4,\ 1)$を通るときで，$a=\dfrac{1}{4}$

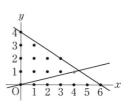

2

(1) $y=3x+7$

(2) ① $\dfrac{5}{4}$

② $-2+\sqrt{2},\ \sqrt{2}$

(1) 直線nの切片が7より，C$(0, 7)$

また点Aは$(-2, 1)$。

直線ℓは2点A$(-2, 1)$，C$(0, 7)$を通るから

傾きは，$y = \dfrac{7-1}{0-(-2)} = 3$

切片は7だから，$y = 3x + 7$

(2) ① $x = -1$のとき，

$$PQ = 3 \times (-1) + 7 - \left\{\dfrac{1}{2} \times (-1) + 2\right\} = \dfrac{5}{2}$$

△APQの底辺をPQとしたときの高さAHは，

$$AH = -1 - (-2) = 1$$

$$S = \triangle APQ$$

$$= \dfrac{1}{2} \times \dfrac{5}{2} \times 1$$

$$= \dfrac{5}{4}$$

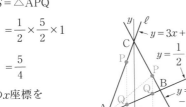

② Pのx座標をtとする。

(i)Pが線分AC上にあるとき，

$$PQ = (3t + 7) - \left(\dfrac{1}{2}t + 2\right) = \dfrac{5}{2}t + 5$$

$$AH = t - (-2) = t + 2$$

$$\triangle APQ = \dfrac{1}{2} \times \left(\dfrac{5}{2}t + 5\right)(t + 2) = \dfrac{5}{2}$$

$$(5t + 10)(t + 2) = 10$$

$$5(t + 2)(t + 2) = 10$$

$$(t + 2)^2 = 2$$

$$t + 2 = \pm\sqrt{2}$$

$$t = -2 \pm \sqrt{2}$$

$-2 \leqq t \leqq 0$より，

$$t = -2 + \sqrt{2} \quad \cdots(ア)$$

(ii)Pが線分BC上にあるとき

Pのx座標をtとすると，

$$PQ = -2t + 7 - \left(\dfrac{1}{2}t + 2\right) = 5 - \dfrac{5}{2}t$$

$$\triangle APQ = \dfrac{1}{2} \times \left(5 - \dfrac{5}{2}t\right)(t + 2) = \dfrac{5}{2}$$

$$\left(5 - \dfrac{5}{2}t\right)(t + 2) = 5$$

$$(10 - 5t)(t + 2) = 10$$

$$-5(t - 2)(t + 2) = 10$$

$$(t - 2)(t + 2) = -2$$

$$t^2 = 2, \quad t = \pm\sqrt{2}$$

$t \geqq 0$より，$t = \sqrt{2}$ $\cdots$(イ)

(ア)，(イ)より，求める点Pのx座標は，

$$-2 + \sqrt{2}, \quad \sqrt{2}$$

3

(1) ① ア 350　　イ 1200

② 下の図

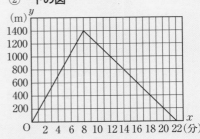

③ $y = -100x + 2200$

(2) ① **分速160m**　　② **16分40秒後**

(1) ① Aの行きの速さは8分で1400m走るので，分速175mであり，2分ではア350mの距離を進む。帰りは$22 - 8 = 14$（分）で1400m進むから，分速100mで，$10 - 8 = 2$（分）では200m戻って，イ1200mの地点になる。

② （解答図参照）8分の時点で1400mだから点$(8, 1400)$が公園を表す点である。

③ $8 \leqq x \leqq 22$ のとき，$(8, 1400)$，$(22, 0)$を通る直線だから，傾き $a = -100$。

$y = -100x + b$に $(22, 0)$ を代入して，

$0 = -100 \times 22 + b$より，$b = 2200$

よって，$y = -100x + 2200$

(2)

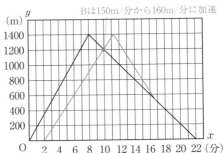

① Bは，Aより2分遅れで出発し，その8分後にAとすれ違うから，上図の交点$(10, 1200)$がすれ違った時間と距離を表す。そこから，Bの速さは，$\dfrac{1200}{8} + 10 = 160$（m/分）

より，分速160mとなる。

② BがAとすれ違ったところで，AはBより，

$$200 + 200 = 400 \ (\text{m})$$

だけ先を進んでいる。AとBが出会ってから
BがAに追いつくまでの時間をx分とすると，

$$100x + 400 = 160x, \quad x = \frac{20}{3} = 6\frac{40}{60}$$

よって，BがAに追いつくのは，Aが出発し
てから，

$$10 + 6\frac{40}{60} = 16\frac{40}{60} \ (\text{分後})$$

すなわち，16分40秒後になる。

4

(1) $y = 7$　**(2)** $5 \leqq x \leqq 10$
(3) 下の図

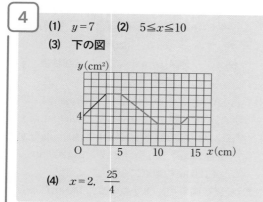

$y(\text{cm}^2)$

O　　5　　10　　15　$x(\text{cm})$

(4) $x = 2, \ \dfrac{25}{4}$

解説

(1) △PRQで底辺の長さ2cmは一定なので，$x = 4$
のとき，PはBCの中点にある。このとき，高さ
は7cmだから，△PRQ$= \dfrac{1}{2} \times 2 \times 7 = 7(\text{cm}^2)$

(2) AB＝3cm，BC＝2cmよりA〜Cは5cm。CD
は直角三角形CDEの斜辺で，CE＝4cm，ED＝
3cmだから，

$$CD^2 = 4^2 + 3^2 = 25, \quad CD = 5\text{cm}。$$

よって，PがCD上にあるときのxの変域は，
$5 \leqq x \leqq 10$

(3) （解答参照） 底辺からの高さが変わらないと
ころでは，面積も変わらず，グラフは水平である。

(4) △PQRの面積が6cm²になるのは，グラフよ
り$x = 2$のときと，変域$5 \leqq x \leqq 10$の直線上の，
面積が6cm²になるとき。この区間の直線の式
は，傾き$-\dfrac{4}{5}$で，$(5, 7)$を通るから，

$$x = -\frac{4}{5}x + 11$$

$y = 6$となるのは，

$$6 = -\frac{4}{5}x + 11$$

より，$x = \dfrac{25}{4}$のとき。

問題→P.63

PART3
関数

4 関数 $y = ax^2$

1

(1) ① ウ　② $a = -3$　**(2)** 5

(3) $a = \dfrac{3}{4}$　**(4)** $a = 2$

(5) $a = 0, \ b = 8$　**(6)** $0 \leqq a \leqq 2$

解説

(1) ① $a < 0$のときは，下に開く放物線なので，
$x < 0$で増加，$x > 0$で減少。

よって，ウ。

② $y = -x^2$でxがaから$a + 1$まで変化すると
きの変化の割合は，

$$-1 \times (a + a + 1)$$

よって，

$$-2a - 1 = 5, \quad a = -3$$

(2) 変化の割合$= \dfrac{1}{2} \times (4 + 6) = 5$

(3) 1次関数の変化の割合＝傾き＝3

よって，$a \times (1 + 3) = 3, \quad a = \dfrac{3}{4}$

(4) $a \times (1 + 4) = 10, \quad a = 2$

(5) $y = ax^2$でxの変域が原点をまたぐときは，必
ず原点を通るので，

$$\begin{cases} \text{最小値} = 0 & (a > 0) \\ \text{最大値} = 0 & (a < 0) \end{cases}$$ であることに注意。

○ $x = -4$のとき，$y = \dfrac{1}{2} \times (-4)^2 = 8$

× $x = 3$のとき，$y = \dfrac{1}{2} \times 3^2 = \dfrac{9}{2}$

yの変域は $0 \leqq y \leqq 8$ より，
$$a = 0, \ b = 8$$

(6) 下に開く放物線で，原点を通る。
$a < 0$だと，原点を通らないから，$a \geqq 0$
$a = 2$を超えると，yの変域の左側が-8より小さ
くなるから，$a \leqq 2$
よって，$0 \leqq a \leqq 2$

2

(1) $x=\pm 2$ **(2)** $\dfrac{3}{2}$ **(3)** $a=\dfrac{5}{16}$

(4) $y=18$ **(5)** $a=-2$ **(6)** ①, ④

解説

(1) $y=-7x^2$ に $y=-28$ を代入すると,
$$-28=-7x^2, \quad x^2=4, \quad x=\pm 2$$

(2) $\dfrac{1}{4}\times(2+4)=\dfrac{3}{2}$

(3) $y=ax^2$ に $x=4$, $y=5$を代入して,
$$5=a\times 4^2, \quad a=5\div 4^2=\dfrac{5}{16}$$

(4) $y=ax^2$ に $x=2$, $y=8$ を代入して,
$$a=8\div 2^2=2, \quad y=2x^2$$
$y=2x^2$ に $x=3$ を代入すると,
$$y=2\times 3^2=18$$

(5) 原点を通り, $x=2$ のとき$y=-8$ となるの
で, $y=ax^2$ に $x=2$, $y=-8$ を代入すると,
$$-8=a\times 2^2, \quad a=-2$$

(6) ①は常に増加。 ②は$x<0$で減少。
③は常に減少。 ④は$x<0$で増加。

3

$\dfrac{2}{9}\leqq a\leqq 6$

解説

　開きが狭いほど, 比例定数の値の絶対値は大き
い。 $a=\dfrac{y}{x^2}$に, A(3, 10), B(1, 6), C(3, 2),
D(5, 6)のx座標, y座標の値をそれぞれを代入す
ると, $\dfrac{10}{3^2}$, $\dfrac{6}{1}$, $\dfrac{2}{3^2}$, $\dfrac{6}{5^2}$, であり,

$\dfrac{2}{9}<\dfrac{6}{25}<\dfrac{10}{9}<6$ であるから, とることのできる

aの値の範囲は, $\dfrac{2}{9}\leqq a\leqq 6$

（参考）
・B(1, 6)を通るとき, $a=6$で最大。

・C(3, 2)を通るとき, $a=\dfrac{2}{9}$で最小。

$$\left[\begin{array}{l} y=\dfrac{2}{9}x^2 \text{ にDの}x\text{座標5を代入すると,}\\[2mm] \qquad y=\dfrac{2}{9}\times 5^2=50\div 9=5.5\cdots<6 \\[2mm] \text{なので, 曲線}y=\dfrac{2}{9}x^2\text{は線分BDには交わ}\\ \text{らない。}\\ \text{つまり, 辺DAとは交わらない。} \end{array}\right]$$

4

(1) -6 **(2)** 27

解説

(1) $-1\times(2+4)=-6$

(2) A$(-3, -9)$より, ①のグラフは $y=\dfrac{27}{x}$

点Bは$y=\dfrac{27}{x}$上の点だから, 点Bのx座標の値と

y座標の値の積は27より,
四角形OCBD$=$OC$\times$OD$=x\times y=27$

PART3
関数

5 関数 $y=ax^2$ の利用

問題→P.67

1

(1) 9倍 **(2)** イ

解説

(1) yはxの2乗に比例するから, $3^2=9$(倍)。

(2) $y=\dfrac{1}{4}x^2$ に $y=5.6$ を代入して, $5.6=\dfrac{1}{4}x^2$
$$x^2=5.6\times 4=22.4, \quad 16<x^2<25$$
$x>0$ より, $4<x<5 \ \Rightarrow \ $ イ

2

(1) 1m
(2) 2往復 （導き方は解説参照）

解説

(1) $y=\dfrac{1}{4}x^2$ に $x=2$ を代入して,
$$y=\dfrac{1}{4}\times 2^2=1\,(\text{m})$$

(2) $y=\dfrac{1}{4}x^2$ に$y=\dfrac{1}{4}$ を代入して,
$$\dfrac{1}{4}=\dfrac{1}{4}x^2, \ x>0 \ \text{より}, \ x=1\,(\text{秒})$$

Aが1往復するのにかかる時間（2秒）の半分であるから，ふりこAが1往復する間にふりこBは2往復する。

3

(1) ① 18cm²
② ア 9 イ $2x^2$ ウ $8x$
グラフは下の図

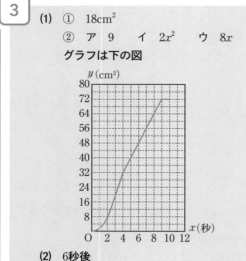

(2) 6秒後

解説
(1) ① 3秒後に，QR＝6cm，AP＝6cmより，

$$\triangle PQR = \frac{1}{2} \times 6 \times 6 = 18 \ (cm^2)$$

② $0 \leqq x \leqq 4$ では，QR＝$2x$cm，AP＝$2x$cmより，

$$y = \triangle PQR = \frac{1}{2} \times QR \times AP = 2x^2 \ (cm^2)$$

$4 \leqq x \leqq 9$ では，PQ＝$2x$cm，BC＝8cmより，

$$y = \triangle PQR = \frac{1}{2} \times 2x \times 8 = 8x \ (cm^2)$$

$9 \leqq x \leqq 10$では，PQ＝18cm，BC＝8cmより，

$$y = \triangle PQR = \frac{1}{2} \times 18 \times 8 = 72 \ (cm^2)$$

(2) 長方形ABCDの対角線の交点をOとすると，

OのAからの水平距離は，$\dfrac{18}{2} = 9$(cm)

RPの中点をMとする。MのAからの水平距離dは，

$x = 4$のとき，$d = \dfrac{2 \times 4 + 0}{2} = 4 \ (cm)$

である。

$x \geqq 4$のとき，Mは毎秒$\dfrac{2+3}{2} = 2.5 \ (cm)$ 右に

動くので，あと $9 - 4 = 5 \ (cm)$ 動くのに，

$5 \div 2.5 = 2$

より，2秒かかる。

よって，PがAを出発してから $4 + 2 = 6$ （秒後）。

4

(1) ① 4 ② ア (2) 56m

(3) $24 = 0.8a + 0.1a^2$
$a^2 + 8a - 240 = 0$
$(a + 20)(a - 12) = 0$
$a = -20, \ 12$

$a = -20$は負の数なので問題の条件に合わない。
よって，$a = 12$より，秒速12m

解説
(1) $y = 0.1x^2$ より，xが2倍だとyは4倍になる。

したがって，制動距離は4倍になる。また，制動距離の差は，

秒速5mと10mのとき

$p = 0.1 \times (10^2 - 5^2) = 7.5 \ (m)$

秒速10mと15mのとき

$q = 0.1 \times (15^2 - 10^2) = 12.5 \ (m)$

よって，$p < q \Rightarrow$ ② はア

(2) 空走距離が16mより，そのときの秒速は，

$16 \div 0.8 = 20 \ (m/秒)$

$y = 0.1 \times 20^2 = 40 \ (m)$ …制動距離

停止距離$= 16 + 40 = 56 \ (m)$

(3) （解答参照）

PART3
関数

6 放物線と直線に関する問題

問題→P.71

1

$$a = \frac{6}{25}$$

解説
BとCはy軸について対称なので，Cの座標は$(5, 25a)$。

ACの傾きが$\dfrac{3}{5}$より，

$$\frac{25a}{10} = \frac{3}{5},$$

$$25a = 6, \quad a = \frac{6}{25}$$

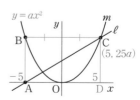

26

直線 ℓ の切片は3だから，ℓ は $y=\dfrac{3}{5}x+3$ とおけ

る。$\dfrac{3}{5}\times5+3=a\times5^2 \Rightarrow a=\dfrac{6}{25}$

2

(1) 3cm^2　(2) $a=-\dfrac{3}{2}$

解説

(1)　$\text{O}(0,0)$，$\text{C}(0,2)$，$\text{D}\left(3,\dfrac{9}{2}\right)$ より，

$$\triangle\text{OCD}=\dfrac{1}{2}\times2\times3=3\ (\text{cm}^2)$$

(2)　$\text{AC}:\text{BC}=4:1$ になればよい。B の x 座標を
$t(>0)$ とするとき，A の x 座標は $-4t$。
A，B より y 軸に垂線をひき，その交点をそれぞ
れ H，I とすると，

$$\text{CH}:\text{CI}=\text{AH}:\text{BI}=4t:t=4:1$$

よって，$\text{CH}:\text{CI}=(8t^2-2):\left(2-\dfrac{1}{2}t^2\right)=4:1$

$$8t^2-2=8-2t^2,\ t^2=1,$$

$t>0$ より，$t=1$ だから，$\text{A}(-4,8)$
よって，$y=ax+2$ に $x=-4$，$y=8$ を代入し
て，

$$8=-4a+2,\ a=-\dfrac{3}{2}$$

3

(1) $a=\dfrac{1}{2}$，$p=8$　(2) $0\leqq y\leqq\dfrac{9}{2}$

(3) $\text{C}\left(\dfrac{4}{3},\ 0\right)$

解説

(1)　$\text{A}(2,2)$ より，$2=a\times2^2$，$a=\dfrac{1}{2}$

$$p=\dfrac{1}{2}\times(-4)^2=8$$

(2)　x の変域が原点をまたぐので，最小値は0。

最大値は $x=3$ を代入して，$y=\dfrac{1}{2}\times3^2=\dfrac{9}{2}$

よって，y の変域は，$0\leqq y\leqq\dfrac{9}{2}$

(3)　直線ABの傾きは，$\dfrac{8-2}{-4-2}=-1$ より，

その式を $y=-x+b$ として，$x=2$，$y=2$ を代入
して，

$$2=-2+b,\ b=4$$

よって，$y=-x+4$
直線ABと y 軸の交点をDとすると，$\text{D}(0,4)$
また，y 軸上に点Eを，$\text{OD}:\text{DE}=3:2$ となる
点Dをとると，

$$4\times\dfrac{3-2}{3}=\dfrac{4}{3}$$

よって，点Eの座標は $\left(0,\ \dfrac{4}{3}\right)$

点Eを通り，直線ABに平行な直線と x 軸との交
点をCとすると，$\triangle\text{ABC}:\triangle\text{OAB}=2:3$

直線CEの式は $y=-x+\dfrac{4}{3}$ であるから，$y=0$

を代入して，$x=\dfrac{4}{3}$

したがって，点Cの x 座標は $\dfrac{4}{3}$ より，$\text{C}\left(\dfrac{4}{3},\ 0\right)$

（別解）
$\triangle\text{OAB}$ と $\triangle\text{ABC}$ の共通底辺をABとする。
$\text{AB}\!\!/\!\!/\text{CH}$ となる点HをAO上にとると，

直線ABの傾きは，$\dfrac{8-2}{-4-2}=-1$

直線OAの傾きは，$\dfrac{2-0}{2-0}=1$

$(-1)\times1=-1$ より，$\text{AB}\perp\text{OA}$
よって，$\text{AO}:\text{AH}=3:2$
$\text{A}(2,2)$ より，

Hの座標は，$2\times\dfrac{3-2}{3}=\dfrac{2}{3}$

より，$\text{H}\left(\dfrac{2}{3},\ \dfrac{2}{3}\right)$

$\triangle\text{OHC}$ は $\angle\text{AOC}=45°$ で，
直角二等辺三角形だから，$\text{OH}=\text{CH}$ より，

よって，点Cの x 座標は，$\dfrac{2}{3}\times2=\dfrac{4}{3}$ より，

$\text{C}\left(\dfrac{4}{3},\ 0\right)$

4

(1) $a=\dfrac{1}{4}$ (2) $y=\dfrac{3}{4}x+\dfrac{9}{2}$

(3) $\mathrm{D}\left(\dfrac{15}{2},\ 0\right),\ \mathrm{E}\left(0,\ -\dfrac{9}{5}\right)$

解説

(1) OBの傾きが$\dfrac{3}{2}$より，直線 OB の式は，

$$y=\dfrac{3}{2}x$$

Bのx座標が6なので，$\mathrm{B}(6,\ 9)$

$y=ax^2$に$x=6$，$y=9$を代入して，

$$9=a\times36,\ a=\dfrac{1}{4}$$

(2) Aは$y=\dfrac{1}{4}x^2$ 上の点なので，$\mathrm{A}\left(-3,\ \dfrac{9}{4}\right)$

ABの傾きは $\left(9-\dfrac{9}{4}\right)\div\{6-(-3)\}=\dfrac{3}{4}$

$y=\dfrac{3}{4}x+b$ に$x=6$，$y=9$を代入して，

$$9=\dfrac{3}{4}\times6+b,\ b=\dfrac{9}{2}$$

よって，$y=\dfrac{3}{4}x+\dfrac{9}{2}$

(3) $\triangle\mathrm{OCA}=\dfrac{1}{2}\times\dfrac{9}{2}\times3=\dfrac{27}{4}$

$\mathrm{D}(t,\ 0)$とすると$(t>0)$，$\mathrm{E}\left(0,\ -\dfrac{6}{25}t\right)$

よって，$\dfrac{1}{2}\times\dfrac{6}{25}t\times t=\dfrac{27}{4}$

$$t^2=\dfrac{27}{4}\times2\times\dfrac{25}{6}=\dfrac{9}{4}\times25$$

$t>0$だから，$t=\dfrac{15}{2}$

よって，$\mathrm{D}\left(\dfrac{15}{2},\ 0\right),\ \mathrm{E}\left(0,\ -\dfrac{9}{5}\right)$

5

(1) $\mathrm{C}\left(-2,\ \dfrac{4}{3}\right)$ (2) 2 (3) $t=3$

解説

(1) $y=\dfrac{1}{3}x^2$ に $x=2$ を代入すると，$y=\dfrac{4}{3}$

よって，$\mathrm{A}\left(2,\ \dfrac{4}{3}\right)$より，$\mathrm{C}\left(-2,\ \dfrac{4}{3}\right)$

(2) $\mathrm{B}(6,\ 6^2)=(6,\ 36)$，$\mathrm{C}(-6,\ 12)$

を通る直線より，

$$傾き=\dfrac{36-12}{6-(-6)}=2$$

(3) $\mathrm{AB}=t^2-\dfrac{1}{3}t^2=\dfrac{2}{3}t^2$，$\mathrm{AC}=t-(-t)=2t$ より，

$$\dfrac{2}{3}t^2=2t,\ 2t^2-6t=0,\ 2t(t-3)=0$$

$t>0$ より，$t=3$

6

(1) $a=\dfrac{1}{2}$ (2) $y=-\dfrac{1}{2}x+1$

(3) ① $\mathrm{C}(4,\ 8)$ ② $4:9$

解説

(1) $y=ax^2$ に$x=-2$，$y=2$ を代入して，

$$a=2\div(-2)^2=\dfrac{1}{2}$$

(2) $\mathrm{A}(-2,\ 2)$，$\mathrm{B}\left(1,\ \dfrac{1}{2}\right)$を通るので，直線$\ell$は，

傾き$\dfrac{0.5-2}{1-(-2)}=-\dfrac{1}{2}$で，$(-2,\ 2)$を通る。

$2=-\dfrac{1}{2}\times(-2)+b,\ b=1$ より，$y=-\dfrac{1}{2}x+1$

(3) ① Aのx座標は-2だから，Cのx座標は4である。よって，$\mathrm{C}(4,\ 8)$。

② 直線$\mathrm{OC}:y=2x$，$\ell:y=-\dfrac{1}{2}x+1$ より，

交点のx座標は，

$$2x=-\dfrac{1}{2}x+1,\ 4x=-x+2,\ x=\dfrac{2}{5}$$

このとき，$y=\dfrac{4}{5}$ より，$\mathrm{P}\left(\dfrac{2}{5},\ \dfrac{4}{5}\right)$

BP：PA

$=\left(1-\dfrac{2}{5}\right):\left\{\dfrac{2}{5}-(-2)\right\}$

$=1:4$

CP：PO

$=\left(8-\dfrac{4}{5}\right):\left(\dfrac{4}{5}-0\right)$

$=9:1$

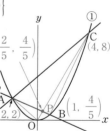

28

よって，$\triangle AOP=\dfrac{1}{9}\triangle APC$

$\triangle PBC=\dfrac{1}{4}\triangle APC$

したがって，

$\triangle AOP:\triangle PBC=\dfrac{1}{9}:\dfrac{1}{4}=4:9$

7

  (1) $D(4,8)$ **(2)** $y=-x+4$

  (3) $E\left(-\dfrac{2}{3},\ \dfrac{14}{3}\right)$

解説

(1) Dのx座標は4で，$y=\dfrac{1}{2}\times 4^2=8$ だから，

  $D(4,8)$

(2) $A(-4,8)$，$C(2,2)$ より，

  傾き $=\dfrac{2-8}{2-(-4)}=-1$

  $y=-x+b$に$x=2$，$y=2$を代入して，

    $2=-2+b$，$b=4$

  よって，$y=-x+4$

(3) $\triangle EBC\backsim\triangle EFA$で，

  面積比が$16:25=4^2:5^2$

  だから，相似比$=4:5$

  よって，$CE:AE=4:5$

  Eのx座標は，$-4+\{2-(-4)\}\times\dfrac{5}{4+5}=-\dfrac{2}{3}$

  Eのy座標は，$-\left(-\dfrac{2}{3}\right)+4=\dfrac{14}{3}$

  よって，$E\left(-\dfrac{2}{3},\ \dfrac{14}{3}\right)$

8

  (1) $a=\dfrac{1}{3}$ **(2)** $y=\dfrac{1}{3}x+4$

  (3) $C(6,6)$ **(4)** エ

解説

(1) $y=ax^2$ はA$(-3,3)$を通るから，

  $3=a\times(-3)^2$ より，$a=\dfrac{1}{3}$

(2) $B\left(4,\ \dfrac{16}{3}\right)$ より，直線ABの式は，

$y=\left(\dfrac{16}{3}-3\right)\div\{4-(-3)\}\times x+b$

$y=\dfrac{1}{3}x+b$ で$(-3,3)$を通るから，$b=4$

よって，$y=\dfrac{1}{3}x+4$

（別解）傾きは

$\dfrac{1}{3}\times(-3+4)=\dfrac{1}{3}$と求めてもよい。

(3) $y=\dfrac{1}{3}x+4$ に $x=t$，$y=t$ を代入すると，

  $t=\dfrac{1}{3}t+4$，$2t=12$，$t=6$

よって，$C(6,6)$

(4) エが正しい。

右の図で，直線mが
傾き1。直線n上に
点Pがあるとき，傾
きは1より大きい。

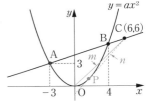

ア：誤。点Pが点A
  にあるときに最長となる。

イ：誤。原点Oを通り，直線ABに平行な直線ℓ
  をひくと，放物線と交わる。直線ℓより下
  の部分に点Pがあるとき，$\triangle ACP$の面積は，
  $\triangle ACO$の面積より大きくなる。

ウ：誤。点Pが原点にあるとき，$\angle APC=90°$で
  ある $\left(\begin{array}{l}AC^2=CO^2+AO^2\\90=72+18\end{array}\right)$

9

  (1) $0\leqq y\leqq 8$

  (2) ① $y=\dfrac{3}{2}x+9$

     ② $D\left(-\dfrac{3}{2},\ \dfrac{27}{4}\right)$

解説

(1) xの変域が原点をまたぐので，yの最小値は0
  である。最大値は絶対値の大きい4を，

  $y=\dfrac{1}{2}x^2$ に代入して，$y=8$

  よって，$0\leqq y\leqq 8$

(2) ① $y=\dfrac{1}{2}x^2$ に $x=-3$ を代入して，Aの

y座標は$\dfrac{9}{2}$

よって，Cの座標はC$(0,\ 9)$。

直線ACの傾きは

$$\left(9-\dfrac{9}{2}\right)\div\{0-(-3)\}=\dfrac{3}{2}$$

で切片が9だから，

$$y=\dfrac{3}{2}x+9$$

② 右の図のように，辺
ACの中点Dをとれば，
△ODA とひし形 OBCA
の面積の比は
$1:4$ となる。
A$\left(-3,\ \dfrac{9}{2}\right)$，C$(0,\ 9)$
より，

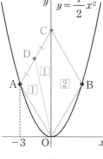

$$\dfrac{-3+0}{2}=-\dfrac{3}{2},\quad \left(\dfrac{9}{2}+9\right)\div 2=\dfrac{27}{4}$$

よって，D$\left(-\dfrac{3}{2},\ \dfrac{27}{4}\right)$。

10

(1) $a=\dfrac{1}{4}$　(2) $y=\dfrac{1}{2}x+6$

(3) $y=-\dfrac{1}{14}x+\dfrac{30}{7}$

解説

(1) $y=ax^2$ に $x=6$，$y=9$ を代入して，

$$9=a\times 6^2\ \text{より，}\ a=\dfrac{1}{4}$$

(2) C$(-4,\ 4)$とA$(6,\ 9)$を通る直線より，

$$\text{傾き}=\dfrac{9-4}{6-(-4)}=\dfrac{1}{2}$$

$$4=\dfrac{1}{2}\times(-4)+b\ \text{より，}\ b=6$$

よって，直線ACの式は，$y=\dfrac{1}{2}x+6$

(3) 線分BCをひくと，
B，Cのy座標は4で，
BCはx軸に平行で長
さは8。

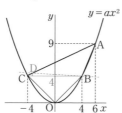

$$\triangle\text{OBC}=\dfrac{1}{2}\times 8\times 4=16$$

$$\triangle\text{ABC}=\dfrac{1}{2}\times 8\times 5=20$$

より，△BDC＝2となればよい。
すなわち，CD：DA＝2：18＝1：9となればよい。

よって，Dのx座標は，

$$-4+\{6-(-4)\}\times\dfrac{1}{1+9}=-3$$

Dのy座標は，$4+(9-4)\times\dfrac{1}{1+9}=\dfrac{9}{2}$

よって，D$\left(-3,\ \dfrac{9}{2}\right)$

BDの傾きが $\left(4-\dfrac{9}{2}\right)\div\{4-(-3)\}=-\dfrac{1}{14}$ で

$(4,\ 4)$ を通るから，

$$4=-\dfrac{1}{14}\times 4+b\text{より，}\ b=\dfrac{30}{7}$$

求める直線BDの式は，$y=-\dfrac{1}{14}x+\dfrac{30}{7}$

（別解）

直線ACの式は，$y=\dfrac{1}{2}x+6$

直線ACとx軸の交点をDとすると，D$(-12,\ 0)$
BC∥ODだから，△BCO＝△BCD
線分ADの中点をMとすると，

$$\dfrac{-12+6}{2}=-3,\ \dfrac{0+9}{2}=\dfrac{9}{2}\text{より，}\ \text{M}\left(-3,\ \dfrac{9}{2}\right)$$

ここで，△BAM＝△BDMであるから，直線BM
は四角形OBCAの面積を2等分する。

その直線の傾きは，$\dfrac{4-\dfrac{9}{2}}{4-(-3)}=-\dfrac{1}{14}$

求める直線の式を$y=-\dfrac{1}{14}x+b$とおくと，

$$4=-\dfrac{1}{14}\times 4+b\Rightarrow b=\dfrac{30}{7}$$

11

(1) $-8 \leqq y \leqq 0$　　(2) $y = -x - 12$

(3) $a = \dfrac{2}{3}$

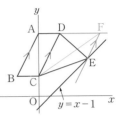

右の図より，

△EBD

$= \dfrac{1}{2} \times (4+2) \times (4+2)$

$= 18$ だから，

四角形ABOF

$= 18 \times \dfrac{8}{3} = 48$

である。

△OBH $= \dfrac{1}{2} \times 4 \times 8 = 16$

台形AHOF $= 48 - 16 = 32$

CF : AF $= 2 : 4 = 1 : 2$ より，

OF $= 4a + (16a - 4a) \times \dfrac{1}{1+2} = 8a$

台形AHOF $= \dfrac{1}{2} \times (16a + 8a) \times 4 = 48a$

よって，$48a = 32$ より，$a = \dfrac{2}{3}$

解説

(1) xの変域が0をふくむので，yの最大値は0である（$a<0$）。yの最小値は$x=4$のとき，

$$y = -\dfrac{1}{2} \times 4^2 = -8$$

よって，$-8 \leqq y \leqq 0$

(2) 傾き-1で，B$(-4, -8)$を通る直線だから，

$$-8 = -1 \times (-4) + b$$

より，$b = -12$

よって，求める直線ACの式は，

$$y = -x - 12$$

(3) 直線BD$(y = x - 4)$とy軸との交点$(0, -4)$より求めてよい。

PART3
関数

7 直線と図形に関する問題

問題→P.77

1

E$(5, 4)$

解説

　DF $= 2$DAとなる点F$(6, 6)$を直線ADの延長上にとる。

Fを通り，直線ABに平行な直線と直線$y = x - 1$の交点が点Eとなる（なぜならば，平行四辺形ABCD $= \triangle$DFC $= \triangle$DCE）。

直線ABの傾きは，$\dfrac{6-2}{0-(-2)} = 2$ だから，直線FEの式を$y = 2x + b$とおき，点Fの座標$x = 6$，$y = 6$を代入して，

$$6 = 2 \times 6 + b, \quad b = -6$$

よって，直線FEの式は，$y = 2x - 6$

点Eは，$y = 2x - 6$と$y = x - 1$の交点だから，

$$2x - 6 = x - 1$$

より，$x = 5$

また，$y = 5 - 1 = 4$

よって，点Eの座標は，

E$(5, 4)$

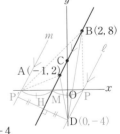

2

(1) $y = 2x + 4$　　(2) D$(0, -4)$

(3) 12　　(4) $2, -6$

解説

(1) A$(-1, 2)$，B$(2, 8)$を通るから，傾き2。

$$8 = 2 \times 2 + b, \quad b = 4$$

よって，$y = 2x + 4$

(2) (1)より，C$(0, 4)$だから，x軸について対称な点は，D$(0, -4)$

(3) CD $= 8$より，

△ABD

$= \triangle$ACD $+ \triangle$BCD

$= \dfrac{1}{2} \times 8 \times (1+2)$

$= 12$

(4) 直線ABの式は$y = 2x + 4$である。直線ABからの距離が上の図のDHで，ABに平行な直線ℓ，mをひき，x軸との交点をP，P′とすると，等積変形より，

$$\triangle ABP = \triangle ABP' = \triangle ABD$$

D$(0, -4)$でℓの傾きが2なので，P$(2, 0)$。

直線ABとx軸との交点をMとすると，

M$(-2, 0)$より，

$$PM = 2 - (-2) = 4$$

P′M $=$ PMより，

P′のx座標は$-2 - 4 = -6$，

31

よって，P′(−6, 0)

（別解）

CD = 4 − (−4) = 8であるから，CD′ = 8となる
点D′をy軸上にとると，D′(0, 12)
点DとD′を通り，$y = 2x + 4$に平行な直線とx軸
との交点をそれぞれP，P′としてもよい。

解説

△AOC = 2△ABOより，
AOを共通な底辺とすると，
点Bのx座標の絶対値の2
倍が点Cのx座標となるか
ら，Cのx座標は，

$4 × 2 = 8$

△ABC = 3△BOCより，

BCを共通な底辺として，AOとBCの交点をDと
すると，

OD : AD = 1 : 3

よって，Aのy座標は，

$4 + (4 − 0) × 3 = 16$

必要な座標を書き込むと，上の図のようになる。

△ABOの面積は，$\dfrac{1}{2} × 16 × 4 = 32$

△ACOの面積は，$\dfrac{1}{2} × 16 × 8 = 64$

で，四角形ABOCの面積は$32 + 64 = 96$である。
図の直線ℓが四角形ABOCの面積を2等分するに
は，ℓとACの交点をEとして，

△AEO $= 96 ÷ 2 − 32 = 16$

になる必要がある。底辺が16より，高さは2であ
ればよい。直線ACの式は$y = −x + 16$であるから，
$x = 2$のとき，$y = −2 + 16 = 14$

E(2, 14)

よって，求める直線の式（OE）は，　　$y = 7x$

解説

(1) $y = \dfrac{5}{2}x + 1$ ……⑦

$y = −x + 8$ ……④

⑦，④を連立方程式として解くと，

$x = 2$，$y = 6$

よって，
点A(2, 6)

(2)   右の図より，
$a = 18$（個），
$b = 3$（個）
$a − b = 15$（個）

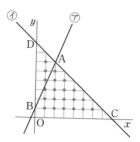

解説

(1)   直線mは傾き$−3$で点(12, 12)を通るから，y
が12減ると，xは4増える。よって，B(16, 0)。
（mの式は，$y = −3x + 48$）

(2)   ①   長方形の位置は
右の図のようにな
る。重なった部分
は，台形GCDAで，

$S = \dfrac{1}{2} × (8 + 12) × 4$

$= 40$

②   (i)Dのx座標が12を超えないとき（$0 ≦ t < 8$），
CFとAOの交点Gのy座標がtだから，

$\dfrac{1}{2} × \{t + (t + 4)\} × 4 = 34$，$t = \dfrac{13}{2}$

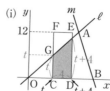
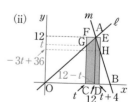

(ii)Dのx座標が12を超えるとき（$8 ≦ t ≦ 12$），
求める面積は，長方形の面積から2つの三角形
の面積を引いて，

$12 × 4 − \dfrac{1}{2} × (12 − t) × (12 − t)$

$- \dfrac{1}{2} × (t + 4 − 12) × \{12 − (−3t + 36)\}$

よって，

$$48 - \frac{1}{2}(12-t)^2 - \frac{3}{2}(t-8)^2 = 34$$

$$96 - 144 + 24t - t^2 - 3t^2 + 48t - 192 = 68$$

$$-4t^2 + 72t - 308 = 0$$

$$t^2 - 18t + 77 = 0$$

$$(t-7)(t-11) = 0$$

よって，$t = 7$，11

$8 \leqq t \leqq 12$ より，$t = 11$

（別解）

$\triangle AOB - \triangle GOC - \triangle BHD = 34$ より，

$$\frac{1}{2} \times 16 \times 12 - \frac{1}{2} \times t \times t$$

$$-\frac{1}{2} \times \{16 - (t+4)\}(-3t+36) = 34$$

これより，

$$192 - t^2 - 3t^2 + 72t - 432 = 68$$

$$t^2 - 18t + 77 = 0$$

（このあとは，上の解説と同様）

6

(1) 12　　(2) $y = -\frac{1}{2}x + 8$

(3) P$(8, 4)$

解説

(1) 右の図のように
長方形をかき，不
要な面積をひく。
長方形DEFAの
面積は，

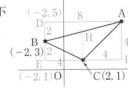

$$8 \times 4 = 32$$

$$\triangle ABC$$

$$= 32 - \left(\frac{1}{2} \times 8 \times 2 + \frac{1}{2} \times 4 \times 2 + \frac{1}{2} \times 4 \times 4\right) = 12$$

（別解）　直線ABの式は

$$y = \frac{1}{4}x + \frac{7}{2}$$

点Cを通り，y軸に平行な直線と直線ABとの交
点Hのy座標は，

$$y = \frac{1}{4} \times 2 + \frac{7}{2} = 4$$

より，CH $= 4 - 1 = 3$

よって，$\triangle ABC = \frac{1}{2} \times 3 \times \{6 - (-2)\} = 12$

---

(2) BCの傾きは，$\dfrac{1-3}{2-(-2)} = -\dfrac{1}{2}$ だから，点A

を通り，BCに平行な直線の式を $y = -\dfrac{1}{2}x + b$

とおく。この直線が点$(6, 5)$を通るから，

$$5 = -\frac{1}{2} \times 6 + b$$

より，$b = 8$

よって，$y = -\dfrac{1}{2}x + 8$

(3) 等積変形を利用。
直線BCに平行で
点Aを通る直線と，
直線OCの延長の
交点をPとすると，

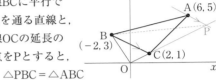

$$\triangle PBC = \triangle ABC$$

だから，$\triangle OPB = $ 四角形OCAB
直線APの式は(2)より，

$$y = -\frac{1}{2}x + 8$$

Pは直線OC $\left(y = \dfrac{1}{2}x\right)$ と直線APの交点だから，

$$\frac{1}{2}x = -\frac{1}{2}x + 8, \quad x = 8, \quad y = 4$$

よって，P$(8, 4)$

7

(1) $\dfrac{14}{5}$　　(2) -11

(3) Bの座標は，$(-2,\ -3)$，Aの座標は

A$(3,\ 7)$。

BA＝BCであれば，BHはACの垂直

二等分線となり，条件を満たす。

よって，

$$BA^2 = |3-(-2)|^2 + |7-(-3)|^2$$
$$= 125$$

Cは直線②上の点だから $C\left(t,\ \dfrac{1}{2}t-2\right)$

とおけるため，

$$BC^2$$

$$= |t-(-2)|^2 + \left\{\left(\dfrac{1}{2}t-2\right)-(-3)\right\}^2$$

$$= \dfrac{5}{4}t^2 + 5t + 5$$

$AB^2 = BC^2$ より，$\dfrac{5}{4}t^2 + 5t + 5 = 125$

整理して，$t^2 + 4t - 96 = 0$

$$(t+12)(t-8) = 0$$
$$t = -12,\ 8$$

$t = -12$ のとき，C$(-12,\ -8)$でACの

傾きが正となり，$a < 0$ に反する。

$t = 8$のとき，C$(8,\ 2)$でACの傾きが負

となり，問題に合う。

よって，求めるCの座標は$(8,\ 2)$

解説

(1) D$(4,\ 0)$より，

E$(2,\ 0)$

y軸について，Eと

対称な点をE′とす

る。AE′とy軸の交

点をFとするとき，

AF＋FE＝AF＋FE′

は最短となる。A$(3,\ 7)$，E′$(-2,\ 0)$より，直

線AE′の式は，

傾きが$\dfrac{7}{5}$だから，$0 = \dfrac{7}{5} \times (-2) + b$，$b = \dfrac{14}{5}$

よって，直線AE′の切片，すなわち点Fのy座標

は，$\dfrac{14}{5}$

(2) BC∥GAとなるx軸

上の点をGとすると，

△ABC＝△GBC

である。

直線AG（BC）の傾き

$\dfrac{1}{2}$で，点$(3,\ 7)$を

通るから，

$$7 = \dfrac{1}{2} \times 3 + b,\ b = \dfrac{11}{2}$$

よって，$y = \dfrac{1}{2}x + \dfrac{11}{2}$で，$y = 0$を代入すると，

$x = -11$であるから，Gのx座標は-11

(3) （解答参照）

△ABCがBA＝BC

の二等辺三角形になる

ことに注目。

1 図形の相似

問題→P.83

1

（証明）　相似な三角形の対応する角は等しいから，

$$\angle ACB = \angle CED$$

同位角が等しいから，BC∥DE

△BCPと△EDPにおいて，

平行線の錯角は等しいから，

$$\angle BCP = \angle EDP \cdots ①$$

$$\angle CBP = \angle DEP \cdots ②$$

①，②より，2組の角がそれぞれ等しいから，

$$\triangle BCP \backsim \triangle EDP$$

解説
（解答参照）　BC∥DEをまず導く。

2

（例）　△ADEと△ABC

（証明）　△ADEと△ABCにおいて，

共通な角より，$\angle DAE = \angle BAC$　…①

平行線の同位角より，

$$\angle ADE = \angle ABC \cdots ②$$

①，②より，2組の角がそれぞれ等しいから，

$$\triangle ADE \backsim \triangle ABC$$

解説
（解答参照）三角形の相似条件のどれを使うか，方針をまず決定する。

相似な三角形の組は，上の例のほかに，△DEFと△CBFがある。

3

(1)　$5:3$　　(2)　$6(\sqrt{2}-1)$cm

解説
(1)　△DFA∽△BFEより，

$$AF : FE = AD : EB = (3+2) : 3 = 5 : 3$$

(2)　$\angle BFE = \angle BEF$だから，$BE = BF \cdots ①$

△DFA∽△BFEより，

$$DF : DA = BF : BE \cdots ②$$

①，②より，$DF = DA \cdots ③$

また，$BF + DF = BD = \sqrt{2}DA$

③より，$BF + DA = \sqrt{2}DA$

よって，$BF = (\sqrt{2}-1)DA = (\sqrt{2}-1) \times 6$

$$= 6(\sqrt{2}-1) \text{(cm)}$$

（別解）

△BFEが二等辺三角形だから，(1)より，△DFAも二等辺三角形。よって，$DF = DA = 6$cm

また，$BD = 6\sqrt{2}$cmより，$BF = 6\sqrt{2} - 6$（cm）

4

(1)　③

(2)　$2 : (x+2) = x : 12$

$$x(x+2) = 24$$

$$x^2 + 2x - 24 = 0, (x+6)(x-4) = 0$$

$x > 0$より，$x = 4$

正方形の1辺の長さは4cm。

解説
(1)　PR∥BCから，平行線の比を利用する。長さの対応関係に注意する。

(2)　（解答参照）比例式を立てて，方程式をつくる。解の適・不適に注意する。

5

(1)　（証明）　△ADEと△FBGにおいて，

AD∥BCより，

平行線の錯角は等しいから，

$$\angle ADE = \angle FBG \cdots ①$$

△BECで中点連結の定理により，

GF∥EC

平行線の同位角は等しいから，

$$\angle BGF = \angle BEC \cdots ②$$

対頂角は等しいから，

$$\angle DEA = \angle BEC \cdots ③$$

②，③より，$\angle DEA = \angle BGF \cdots ④$

①，④より，2組の角がそれぞれ等しいから，

$$\triangle ADE \backsim \triangle FBG$$

(2)　①　$5:4$

②　$\dfrac{272}{9}$cm^2

解説
(1)　（解答参照）

(2)　AFとDCは平行でないことに注意。

①　AD∥BCより，

△ADH∽△FBHだから，

35

$AH : FH = DA : BF = 5 : \dfrac{8}{2} = 5 : 4$

AC∥GFより，△AEH∽△FGHだから，

EH : HG = AH : FH = 5 : 4

②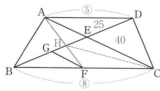

BE : ED = CE : AE = 8 : 5より，

$\triangle ECD = 25 \times \dfrac{8}{5} = 40 \,(\mathrm{cm}^2)$

$\triangle BCE = 40 \times \dfrac{8}{5} = 64 \,(\mathrm{cm}^2)$

GH : HE : BG : GE = 4 : 5 : 9 : 9より，

BE : HE = (9 × 2) : 5 = 18 : 5

$\triangle HEC = 64 \times \dfrac{5}{18} = \dfrac{160}{9} \,(\mathrm{cm}^2)$

△BCE∽△BFGで，相似比2 : 1だから，

$\triangle BCE : \triangle BFG = 2^2 : 1^2 = 4 : 1$

よって，$\triangle BFG = 64 \times \dfrac{1}{4} = 16 \,(\mathrm{cm}^2)$

四角形CFGH = △BCE − △HEC − △BFG

$= 64 - \dfrac{160}{9} - 16 = \dfrac{272}{9} \,(\mathrm{cm}^2)$

6

(1)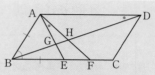

（証明）△AEFと△DABにおいて，

∠EAF = ∠ADB ⋯①

△ABEは正三角形だから，

∠AEF = 180° − ∠AEB = 120°

⋯②

四角形ABCDは∠ABC = 60°の平行四辺形だから，

∠DAB = 120° ⋯③

②，③より，∠AEF = ∠DAB ⋯④

①，④より，2組の角がそれぞれ等しいから，

△AEF∽△DAB

(2) $2\sqrt{7}$ cm　(3) $\dfrac{16\sqrt{3}}{21}$ cm²

解説

(1) （解答参照）△ABEが正三角形になること，平行四辺形のとなりあう内角の和が180°になることを利用する。

(2) 下図のように△AKBを作ると，

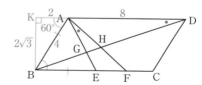

∠KAB = 60°から，AK = 2cm，BK = $2\sqrt{3}$ cm

$BD^2 = 10^2 + (2\sqrt{3})^2 = 112$

$BD = 4\sqrt{7}$ cm

(1)より，DA : DB = AE : AFだから，

$8 : 4\sqrt{7} = 4 : AF$

$AF = 2\sqrt{7}$ cm

(3) (1)よりDA : AB = AE : EFだから，

8 : 4 = 4 : EF，EF = 2cm，BF = 6cm

BH : HD = 6 : 8 = 3 : 4

= 9 : 12　(9 + 12 = 21)

BG : GD = 4 : 8 = 1 : 2

= 7 : 14　(7 + 14 = 21)

より，GH : BD = (9 − 7) : (7 + 14) = 2 : 21

よって，$GH = \dfrac{2}{21}BD$

$$\triangle \text{AGH} = \frac{2}{21}\triangle \text{ABD} = \frac{1}{21}\square \text{ABCD}$$

$$= \frac{1}{21}\times 8 \times 2\sqrt{3}$$

$$= \frac{16\sqrt{3}}{21}\,(\text{cm}^2)$$

$$\text{AD} = \frac{4\sqrt{5}}{5}\times \sqrt{5} = 4\,(\text{cm})$$

8

$\dfrac{27}{7}\text{cm}$

解説

AB：AC＝BD：CDより，BD：CD＝6：8＝3：4

$$\text{BD} = 9 \times \frac{3}{3+4} = \frac{27}{7}\,(\text{cm})$$

7

(1) ADに平行で，Cを通る
直線とBAの延長との
交点をEとする。
AD∥ECより，
∠ACE＝∠DAC
∠AEC＝∠BAD
仮定より，
∠BAD＝∠DAC
よって，
∠ACE＝∠AECより，
AC＝AE …①
また，△BECにおいて，AD∥ECより，
AB：AE＝BD：DC
①より，AB：AC＝BD：DC

(2) ① $\sqrt{5}$cm ② 4cm **(解説参照)**

解説

(1) （解答参照）補助線をかいて証明する。

(2) ① ∠PBC＝∠PCBより，BP＝PC＝$\sqrt{5}$（cm）

② BD＝$x$cmとおくと，(1)より，CD＝$\dfrac{4}{5}x$cm

△ABD∽△CPDより，
AB：CP＝BD：PD
5：$\sqrt{5}$＝x：PD
PD＝$\dfrac{\sqrt{5}}{5}x$cm

また，△ABD∽△CPDで，
相似比は5：$\sqrt{5}$＝$\sqrt{5}$：1
よって，AD：CD＝$\sqrt{5}$：1 ⇨ AD＝CD×$\sqrt{5}$

$$= \frac{4\sqrt{5}}{5}x\,(\text{cm})$$

AP＝AD＋PD＝$\sqrt{5}x$（cm）
△ABP∽△ADCより，

AB：AP＝AD：AC，5：$\sqrt{5}x$＝$\dfrac{4\sqrt{5}}{5}x$：4

$4x^2 = 20$，$x>0$より，$x=\sqrt{5}$

9

(1) 72° (2) 線分BD，線分AD

(3) $x^2+x-1=0$，$x=\dfrac{\sqrt{5}-1}{2}$

解説

(1) △ABCは二等辺三角形より，
∠ABC＝∠ACB＝（180°÷36°）÷2 ＝ 72°
∠CBD＝∠ABD＝72°÷2＝36°より，
∠BDC＝180°－（72°＋36°）
＝72°

(2) ∠DBA＝∠DAB＝36°より，
△DABは二等辺三角形で，
AD＝BD
また，△BCDも二等辺三角形
で，BD＝BC

(3) △BCD∽△ABCより，
x：1＝（1－x）：x

$$x^2+x-1=0,\quad x=\frac{-1\pm\sqrt{5}}{2}$$

$x>0$より，$x=\dfrac{\sqrt{5}-1}{2}$

（証明）　AとB，DとCをそれぞれ直線で結ぶ。△APBと△DPCにおいて，

$\overset{\frown}{BC}$に対する円周角より，

$$\angle BAP = \angle CDP \quad \cdots ①$$

対頂角より，

$$\angle APB = \angle DPC \quad \cdots ②$$

①，②より，2組の角がそれぞれ等しいから，△APB∽△DPC

よって，対応する辺の比は等しいので，

$$PA : PD = PB : PC$$

解説

（解答参照）　三角形の相似を利用して証明する。PA：PD＝PB：PCを方べきの定理ともいう。

11

(1)　（証明）　△ADEと△BDCにおいて，等しい弧に対する円周角より，

$$\angle DAE = \angle DBC \quad \cdots ①$$

対頂角は等しいから，

$$\angle ADE = \angle BDC \quad \cdots ②$$

①，②より，2組の角がそれぞれ等しいから，△ADE∽△BDC

(2)　（証明）　△ACEと△GEFにおいて，仮定より，　CE＝EF　…①

$\overset{\frown}{EC}$に対する円周角より，

$$\angle EAC = \angle FGE \quad \cdots ②$$

$\overset{\frown}{BC}$に対する円周角より，

$$\angle BAC = \angle FEC \quad \cdots ③$$

AB＝ACより，

$$\angle ACB = (180° - \angle BAC) \div 2 \quad \cdots ④$$

EC＝EFより，

$$\angle ECF = (180° - \angle FEC) \div 2 \quad \cdots ⑤$$

③，④，⑤より，$\angle ACB = \angle ECF$

また，$\angle ACE = \angle ECF - \angle ACG$

$$\angle GCB = \angle ACB - \angle ACG$$

だから，

$$\angle ACE = \angle GCB \quad \cdots ⑥$$

また，$\overset{\frown}{BG}$に対する円周角より，

$$\angle GCB = \angle GEF \quad \cdots ⑦$$

⑥，⑦より，$\angle ACE = \angle GEF \quad \cdots ⑧$

②，⑧より，△ACEと△GEFの残りの1つの角も等しくなり，

$$\angle AEC = \angle GFE \quad \cdots ⑨$$

①，⑧，⑨より，1組の辺とその両端の角がそれぞれ等しいから，

$$\triangle ACE \equiv \triangle GEF$$

解説

(1)　（解答参照）

(2)　（解答参照）

「等しい角から同じ角をひいた角は等しい」ことを利用する。

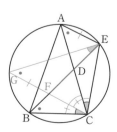

12

(1) （証明） △ABCと△DAFにおいて,

仮定より, ∠AFD＝90° …①

直径に対する円周角より,

∠BCA＝90° …②

①, ②より, ∠BCA＝∠AFD …③

また, △ACDはAC＝ADの直角二等辺

三角形だから,

∠DAC＝90°

よって,

∠DAF＝90°－∠BAC

また,

∠ABC＝180°－∠ACB－∠BAC

＝180°－90°－∠BAC

＝90°－∠BAC

したがって,

∠ABC＝∠DAF …④

③, ④より, 2組の角がそれぞれ等し

いので,

△ABC∽△DAF

(2) $\frac{32}{35}$ cm

解説

(1) （解答参照） 直径に対する円周角は90°であ

ること, 90°から共通の角をひいた残りの角が

等しいことを利用する。

(2) AD＝AC＝8cmで, △ABC∽△DAFより,

BA：BC＝AD：AF

AF＝6×8÷10

＝$\frac{24}{5}$ （cm）

AD∥CBより,

△ADE∽△BCE

AE：BE＝AD：BC

AE：（10－AE）＝8：6

6AE＝80－8AE, AE＝$\frac{40}{7}$cm

EF＝AE－AF＝$\frac{40}{7}-\frac{24}{5}=\frac{32}{35}$ （cm）

問題→P.89

1

$\frac{72}{7}$cm²

解説

A, Dより辺BCに垂線をひき, 辺BCとの交点

をそれぞれH, Iとすると,

BH＝3cm

三平方の定理より,

AH＝$\sqrt{5^2-3^2}=4$ （cm）

また, DI＝$x$cmとすると, △DBIは直角二等辺三

角形だから, BI＝$x$cmとなり,

CI＝6－x （cm）

△ACH∽△DCIより,

AH：DI＝CH：CI

4：x＝3：（6－x）

4（6－x）＝3x

$x=\frac{24}{7}$

求める面積は,

$\frac{1}{2}×6×\frac{24}{7}=\frac{72}{7}$ （cm²）

（別解） Aから底辺BCに垂線AHを下ろすと,

AH²＝5²－3²＝4², よって, AH＝4cm

Bを座標の原点とすると, A(3, 4), C(6, 0)

より,

直線ACの式：$y=-\frac{4}{3}x+8$

直線BEの式：$y=x$

$x=-\frac{4}{3}x+8$, $x=\frac{24}{7}$, $y=\frac{24}{7}$

よって, D$\left(\frac{24}{7}, \frac{24}{7}\right)$

求める面積は, $\frac{1}{2}×6×\frac{24}{7}=\frac{72}{7}$ （cm²）

2

(1) 13 (2) $y=\frac{7}{4}x$

解説

(1) 点Aのx座標は5だから, 点Aのy座標は,

$$\frac{12}{5} \times 5 = 12$$

よって，AB $= 12$

三平方の定理により，

$$OA^2 = 5^2 + 12^2 = 13^2, \quad OA = 13$$

(2) $\triangle ABO \backsim \triangle ADC$ より，

$$AB : AD = AO : AC$$

$$12 : 3 = 13 : AC$$

$$AC = \frac{13}{4}$$

だから，C の y 座標は，

$$12 - \frac{13}{4} = \frac{35}{4}$$

よって，C$\left(5, \dfrac{35}{4}\right)$

直線 OC の傾きは $\dfrac{35}{4} \div 5 = \dfrac{7}{4}$ より，式は，

$$y = \frac{7}{4}x$$

3

(1) AB $= 5$cm，EF : FH $= 4 : 3$

(2) $\dfrac{135}{28}$ cm^2

解説

(1) AB $= \sqrt{13^2 - 12^2} = \sqrt{5^2} = 5$ （cm）

また，

$$EF : FC = EB : DC$$
$$= 2 : 5 = 4 : 10 \quad (4 + 10 = 14)$$
$$EH : HC = AG : GC = 1 : 1$$
$$= 7 : 7 \quad (7 + 7 = 14)$$

と比の大きさをそろえると，

$$EF : FH = 4 : (10 - 7) = 4 : 3$$

(2) 四角形 EFGI $= \triangle AGB - \triangle AEI - \triangle BEF$

と考える。

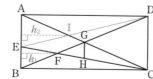

$$\triangle AGB = \frac{1}{2} \times 5 \times 12 \div 2 = 15 \quad (\text{cm}^2)$$

底辺を EB としたときの $\triangle BEF$ の高さ h_1 は，

EF : CF $= BE : DC$ より，

$$EF : CF = 2 : 5$$

$$h_1 = 12 \times \frac{2}{2 + 5} = \frac{24}{7} \quad (\text{cm})$$

よって，$\triangle BEF = \dfrac{1}{2} \times 2 \times \dfrac{24}{7} = \dfrac{24}{7}$ （cm^2）

底辺を AE としたときの $\triangle AEI$ の高さ h_2 は，

AI : CI $= AE : CD$ より，

$$AI : CI = 3 : 5$$

$$h_2 = 12 \times \frac{3}{3 + 5} = \frac{9}{2} \quad (\text{cm})$$

よって，$\triangle AEI = \dfrac{1}{2} \times 3 \times \dfrac{9}{2} = \dfrac{27}{4}$ （cm^2）

四角形 EFGI $= 15 - \dfrac{24}{7} - \dfrac{27}{4} = \dfrac{135}{28}$ （cm^2）

4

(1) $\sqrt{10}$ cm

(2) （証明）$\triangle BCD$ と $\triangle CDE$ において，

$$\angle BCD = \angle ACD + \angle ACB$$
$$= 90° + 45° = 135° \quad \cdots ①$$
$$\angle CDE = \angle ADE + \angle CDA$$
$$= 90° + 45° = 135° \quad \cdots ②$$

①，②より，$\angle BCD = \angle CDE \quad \cdots ③$

また，

$$BC : CD = CD : DE = 1 : \sqrt{2} \quad \cdots ④$$

③，④より，2組の辺の比とその間の角がそれぞれ等しいから，

$$\triangle BCD \backsim \triangle CDE$$

(3) $\dfrac{1}{5}$ cm^2

解説

(1) $\triangle ABC$，$\triangle ACD$，$\triangle ADE$ は直角二等辺三角形で，斜辺が等しい2辺の $\sqrt{2}$ 倍ずつになっている。

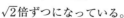
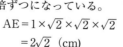

$$AE = 1 \times \sqrt{2} \times \sqrt{2} \times \sqrt{2}$$
$$= 2\sqrt{2} \quad (\text{cm})$$

また，三平方の定理により，

$$CE^2 = AE^2 + AC^2 = (2\sqrt{2})^2 + (\sqrt{2})^2 = 10$$

よって，CE $= \sqrt{10}$ （cm）

(3) 図のように，ED と BC の延長の交点を G，EC と AD の交点を H とすると，

$$DH : GC = ED : EG$$

$$\text{DH}:1=2:3, \quad \text{DH}=\frac{2}{3}\text{cm}$$

また，△DHF∽△BCFより，

$$\text{DF}:\text{BF}=\text{DH}:\text{BC}=\frac{2}{3}:1=2:3$$

$$\triangle\text{CDF}=\triangle\text{DBC}\times\frac{\text{DF}}{\text{DB}}=\left(\frac{1}{2}\times1\times1\right)\times\frac{2}{2+3}$$

$$=\frac{1}{5}\ (\text{cm}^2)$$

5

(1) 132°

(2) （証明）△ABDと△OBCにおいて，

△OABは正三角形だから，

$$\text{AB}=\text{OB}\quad\cdots\text{①}$$

同様に，

$$\text{BD}=\text{BC}\quad\cdots\text{②}$$

∠ABO＝∠DBC＝60°より，

$$\angle\text{ABD}=60°-\angle\text{DBO}\quad\cdots\text{③}$$

$$\angle\text{OBC}=60°-\angle\text{DBO}\quad\cdots\text{④}$$

③，④より， ∠ABD＝∠OBC ⋯⑤

①，②，⑤より， 2組の辺とその間の

角がそれぞれ等しいから，

$$\triangle\text{ABD}\equiv\triangle\text{OBC}$$

(3) $5\sqrt{3}\text{cm}$

解説

(1) ∠AOB＝60°より，中心角と円周角の関係から，∠AED＝30°

∠EAD＝18°だから，

$$\angle\text{ADE}=180°-30°-18°$$

$$=132°$$

(3) 線分ACとBEとの交点をHとする。

$$\angle\text{BCH}=\frac{1}{2}\angle\text{BOA}=30°$$

また，∠CBH＝60°より，

$$\angle\text{CHB}=180°-30°-60°$$

$$=90°$$

よって，

BH＝3cm， CH＝$3\sqrt{3}$cm

$$\text{AH}^2=\text{AB}^2-\text{BH}^2$$

$$=(\sqrt{21})^2-3^2$$

$$=12$$

AH＝$2\sqrt{3}$cm

AC＝AH＋CH＝$2\sqrt{3}+3\sqrt{3}=5\sqrt{3}$ （cm）

6

(1) （証明）△ABCと△CDOにおいて，

直径に対する円周角より，

$$\angle\text{ACB}=90°\quad\cdots\text{①}$$

仮定より， ∠COD＝90° ⋯②

①，②より， ∠ACB＝∠COD ⋯③

OA＝OCより， ∠CAB＝∠OCD ⋯④

③，④より， 2組の角がそれぞれ等しいから，

$$\triangle\text{ABC}\backsim\triangle\text{CDO}$$

(2) ① $\dfrac{9\sqrt{2}}{4}\text{cm}$　② $\dfrac{7\sqrt{2}}{8}\text{cm}^2$

解説

(2) ① 三平方の定理により，

$$\text{AC}^2=\text{AB}^2-\text{BC}^2=6^2-2^2=32$$

AC＝$4\sqrt{2}$cm

△ABC∽△CDOより，

AB：AC

＝CD：CO

$6:4\sqrt{2}=\text{CD}:3$

$$\text{CD}=6\times3\div4\sqrt{2}=\frac{9\sqrt{2}}{4}\ (\text{cm})$$

② $\triangle\text{ABC}=\dfrac{1}{2}\times\text{AC}\times\text{BC}=\dfrac{1}{2}\times4\sqrt{2}\times2$

$$=4\sqrt{2}\ (\text{cm}^2)$$

$$\triangle\text{AOC}=\triangle\text{ABC}\div2=2\sqrt{2}\ (\text{cm}^2)$$

ここで， AD＝$4\sqrt{2}-\dfrac{9\sqrt{2}}{4}=\dfrac{7\sqrt{2}}{4}$ （cm）

AC：AD＝$4\sqrt{2}:\dfrac{7\sqrt{2}}{4}=16:7$より，

$$\triangle\text{AOD}=\triangle\text{AOC}\times\frac{\text{AD}}{\text{AC}}$$

$$=2\sqrt{2}\times\frac{7}{16}=\frac{7\sqrt{2}}{8}\ (\text{cm}^2)$$

PART4
平面図形

3 三角形

問題→P.93

1

(1) ㋐ CB　㋑ ∠ABD

㋒ 2組の辺とその間の角

(2) 15°

解説

(1) ④，⑤では，「等しい角から共通の角をひい

た角は等しい」ことを利用している。

(2) $\angle EAB + 60° + \angle FAC = \angle EAF = 90°$

また，$\triangle AEB$，$\triangle CDB$，$\triangle CFA$は合同な二等
辺三角形となるから，

$\quad\angle DBC = \angle DCB = \angle EBA = \angle EAB$
$\quad = \angle FAC = \angle FCA$

よって，

$\quad\angle DBC = \angle EAB = \angle FAC$
$\quad = (90° - 60°) \div 2 = 15°$

2

$\triangle ACD$と$\triangle BCE$で，
$\triangle ABC$，$\triangle CDE$は正三角形だから，

$\quad AC = BC$ ⋯①
$\quad CD = CE$ ⋯②
$\quad\angle ACD = \angle ACE + 60°$ ⋯③
$\quad\angle BCE = \angle ACE + 60°$ ⋯④

③，④より，

$\quad\angle ACD = \angle BCE$ ⋯⑤

①，②，⑤より，2組の辺とその間の角が
それぞれ等しいから，

$\quad\triangle ACD \equiv \triangle BCE$

解説
（解答参照）　三角形の合同条件のうち，どれが使
えるか，まず決める。

3

$\dfrac{9}{4}$cm

右の図で，BD＝$x$cmとおくと，三平方の
定理より，

$x^2 + 3^2 = (6-x)^2$
$12x = 36 - 9 = 27$
$x = BD = \dfrac{27}{12}$
$\quad = \dfrac{9}{4}$(cm)

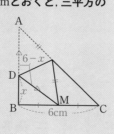

解説
（解答参照）　折り返した図形は，折り返す前の元
の図形と合同である。

4

(1) （証明）　$\triangle ADC$と$\triangle EBC$において，
$\triangle BDC$，$\triangle ACE$は正三角形だから，

$\quad AC = EC$ ⋯①
$\quad CD = CB$ ⋯②
$\quad\angle ACD = \angle ACB + 60°$ ⋯③
$\quad\angle ECB = \angle ACB + 60°$ ⋯④

③，④より，

$\quad\angle ACD = \angle ECB$ ⋯⑤

①，②，⑤より，2組の辺とその間
の角がそれぞれ等しいから，

$\quad\triangle ADC \equiv \triangle EBC$

(2) ①　$3\sqrt{3}$cm　②　$\sqrt{3} + \sqrt{7}$（cm）

解説

(1) （解答参照）　三角形の合同条件のうち，どれ
が使えるか，まず決める。

(2) ①　点A，Dは，
2点B，Cから等距離
にあるので，直線
ADは線分BCの垂直
二等分線である。
よって，点Gは線分
BCの中点で，

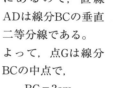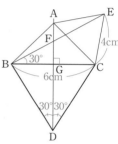

$\quad BG = 3$cm，
$\quad DG = 3\sqrt{3}$cm

②　$\triangle ADC \equiv \triangle EBC$より，

$\quad\angle ADC = \angle EBC = 30°$，$DA = BE$

また，三平方の定理より，

$\quad AG = \sqrt{AC^2 - CG^2} = \sqrt{16-9} = \sqrt{7}$（cm）

さらに，$BG = 3$cm，$BF = 3 \times \dfrac{2}{\sqrt{3}} = 2\sqrt{3}$（cm）

$DA = BE$だから，

$\quad EF = BE - BF = AD - BF$
$\quad = (\sqrt{7} + 3\sqrt{3}) - 2\sqrt{3} = \sqrt{3} + \sqrt{7}$（cm）

5

6：11

解説

CDと平行に，AB
の6等分点を通る線
分を右図のようにひ
く。BK：BD
＝5：3より，

$$S = \triangle BKE \times \frac{3^2}{5^2} = \triangle BAE \times \frac{5}{6} \times \frac{9}{25}$$

$$= \triangle ABC \times \frac{1}{3} \times \frac{5}{6} \times \frac{9}{25} = \frac{1}{10}\triangle ABC$$

BE : BG = 5 : 3, BF : BH = 4 : 3より,

$$T = \triangle BEF \times \left(1 - \frac{3}{5} \times \frac{3}{4}\right)$$

$$= \triangle ABC \times \frac{1}{3} \times \frac{11}{20} = \frac{11}{60}\triangle ABC$$

よって, $S : T = \frac{1}{10} : \frac{11}{60} = 6 : 11$

6

(1) （証明）△AHFと△DIFにおいて,
仮定より, AF = DF …①
対頂角より, ∠AFH = ∠DFI …②
平行線の錯角だから,
∠HAF = ∠IDF …③
①, ②, ③より, 1組の辺とその両端
の角がそれぞれ等しいから,
△AHF ≡ △DIF

(2) $\dfrac{5}{12}$倍

解説

(2) 四角形IDCG
$= \triangle ABC - \triangle AHG - 四角形HBDI$
$\triangle ABC = 1$とすると,
AF = FDで, HG∥BC
だから,
△AHG∽△ABCで,
相似比は1 : 2
よって,

$$\triangle AHG = 1 \times \frac{1^2}{2^2} = \frac{1}{4}$$

四角形HBDIは平行四辺形だから,

$$四角形HBDI = \triangle BDH \times 2$$

$$= \left(1 \times \frac{1}{3} \times \frac{1}{2}\right) \times 2 = \frac{1}{3}$$

よって, 四角形IDCG$= 1 - \frac{1}{4} - \frac{1}{3} = \frac{5}{12}$

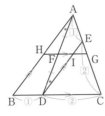

7

(1) （証明）△AEFと△BDEにおいて,
仮定より, AE = BD …①
FE = ED …②
∠AEF = 180° − ∠AED …③
∠BDE = 180° − ∠ADE …④
AD = AEより,
∠AED = ∠ADE …⑤
③, ④, ⑤より, ∠AEF = ∠BDE …⑥
①, ②, ⑥より, 2組の辺とその間の
角がそれぞれ等しいから,
△AEF ≡ △BDE
よって, AF = BE

(2) 3 : 2

解説

(2) (1)より, △AEF ≡ △BDE
右の図のように, xとyの比は,
△BDEと△BGEの面積の比
になる。
また, 中点連結定理より,
DF∥BC
FG : BG = EF : CB = 1 : 2
であるから,

$$\triangle BGE = \triangle BFE \times \frac{2}{1+2}$$

$$\triangle BDE \times \frac{1}{1+2} = \frac{2}{3}\triangle BDE$$

なので, $x : y = 3 : 2$

PART4
平面図形

4 平面図形の基本性質

問題→P.97

1

(1) 103°	(2) 120°	(3) 34°
(4) 115°	(5) 73°	

解説

(1) 三角形の外角は, それと隣り合わない2つの
内角の和に等しいから,
∠x = 41° + 62° = 103°

(2) 外角の和は360°
∠x = 360° − 130° − (180° − 70°) = 120°

(3) 2つの三角形の共通な外角が等しい。
50° + ∠x = 55° + 29°, ∠x = 34°

(4) 外角の和は360°

$$(180° - \angle x) + 80° + 60° + 70° + 85° = 360°$$
$$\angle x = 115°$$

(5) 外角の和は360°
$$55° + 90° + 58° + \angle x + (180° - 96°) = 360°$$
$$\angle x = 73°$$

2　(1)　36°　(2)　103°　(3)　35°

解説
(1)　正五角形の1つの内角は，
$$180° \times (5-2) \div 5 = 108°$$
　三角形ABCは二等辺三角形より，
　　　頂角 = 108°，底角 = $(180° - 108°) \div 2 = 36°$
　　　$\angle x = \angle BAE - \angle BAC \times 2 = 108° - 72° = 36°$
(2)　四角形の内角の和は360°より，
　　　$\angle BAD + \angle ABC + \angle C + \angle D$
　　$= \angle BAD + \angle ABC + 80° + 74° = 360°$
　よって，　$\angle BAD + \angle ABC = 206°$
　$\angle x$は△ABFの外角より，
　　　$\angle x = \angle BAF + \angle ABF$
　　　　　$= (\angle BAD + \angle ABC) \div 2 = 103°$
(3)　$AB = AC$より，$\angle ACB = 65°$
　　　$\angle ECF = 180° - 65° = 115°$
　　　$\angle DEA = \angle CEF = 180° - (115° + 30°)$
　　　　　　　$= 35°$

3　(1)　146°　(2)　51°

解説
(1)　右図のように，ℓ，m
　と平行に直線nをひく。
　　　$\angle x = 180° - (72° - 38°)$
　　　　　$= 146°$

(2)　AB，CDと平行な直
　線ℓをひく。
　　　■ $= 180° - 124° = 56°$
　　　$\angle GFC = ▲$
　　　　　$= 107° - 56°$
　　　　　$= 51°$
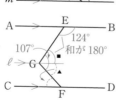

4　(1)　28°　(2)　72°　(3)　69°
　　　(4)　100°　(5)　41°

解説
(1)　右図で，▲ $= 70°$
　　　■ $= 180° - 70° = 110°$
　　　$\angle x = 138° - 110° = 28°$
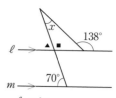

(2)　右図で，
　　　▲ $= 180° - 140° = 40°$
　　　$\angle x = ▲ + 32°$
　　　　　$= 40° + 32° = 72°$
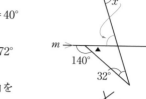

(3)　右図のように角を
　移動すると，
　　　$\angle x + 39° + 72°$
　　$= 180°$
　　　$\angle x = 180° - 111°$
　　　　　$= 69°$
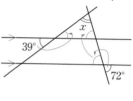

(4)　$\angle x$は三角形の
　外角で，三角形に
　角を移すと，
　　　$\angle x = (180° - 150°) + 70°$
　　　　　$= 30° + 70° = 100°$

(5)　右図で，
　　　● $= 76° - 36° = 40°$
　　　△ABDで，
　　　　● $+ 23° + \angle x + ■$
　　$= 40° + 23° + \angle x + 76°$
　　$= 180°$
　　　$\angle x = 180° - 139° = 41°$
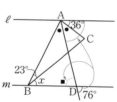

PART4
平面図形

5 四角形

問題→P.101

1　(1)　80°　(2)　78°　(3)　30°
　　　(4)　$\dfrac{\sqrt{10}}{6}$ cm

解説
(1)　AD∥BCより，$\angle BCE = \angle DEC$（錯角）
　角の二等分線より，$\angle DCE = \angle BCE$
　よって，$\angle DCE = \angle BCE = 50°$
　　　$\angle B = \angle D = 180° - 50° \times 2 = 80°$
(2)　△ADEで，
　　　$\angle GAF = 180° - 90° - 68° = 22°$
　　　$\angle BFA = \angle FBC = 56°$（平行線の錯角）

△AGFの外角より，∠AGF = 22° + 56° = 78°

(3) CD = CEより，∠CED = 50°

AD∥BCより，∠BCE = ∠CED = 50°

∠x = ∠BCE − ∠ACE = 50° − 20° = 30°

(4)

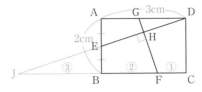

上図で，△JHF∽△DHG∽△JCD

$$JD^2 = 2^2 + 6^2 = 40, \quad JD = 2\sqrt{10}\,cm$$

より，3辺の比は，

CD : JC : JD = 2 : 6 : $2\sqrt{10}$ = 1 : 3 : $\sqrt{10}$

FH = $x$cmとおくと，JF = 5cmであるから，

$$x : 5 = 1 : \sqrt{10}, \quad x = \frac{\sqrt{10}}{2}$$

よって，

$$JH = \frac{\sqrt{10}}{2} \times 3 = \frac{3\sqrt{10}}{2} \ (cm)$$

$$HD = JD - JH = 2\sqrt{10} - \frac{3\sqrt{10}}{2}$$

$$= \frac{\sqrt{10}}{2} \ (cm)$$

△GHDにおいて，

HD : GH = 3 : 1

$$GH = \frac{1}{3}HD = \frac{1}{3} \times \frac{\sqrt{10}}{2} = \frac{\sqrt{10}}{6} \ (cm)$$

2

35°

解説

BA = BEより，

∠BAE = (180° − 70°) ÷ 2 = 55°

∠BAD = 180° − 70° = 110° より，

∠x = 110° − 55° − 20° = 35°

3

(1) （証明）　折り返した図形は，元の図形と同じ形だから，

∠ACB = ∠ACB′ …①

長方形の向かい合う辺は平行だから，錯角は等しく，∠ACB = ∠CAE …②

①，②より，∠ACB′ = ∠CAE

△AECの2つの角が等しいから，△AECは二等辺三角形である。

(2) $\dfrac{34}{5}$ cm

解説

(1) （解答参照）長方形の性質を利用する。

(2) AE = $x$cmとおくと，DE = 10 − x （cm）

△CDEで，∠D = 90°，CD = 6cm，CE = $x$cm

三平方の定理により，

$$x^2 = (10 - x)^2 + 6^2$$

$$20x = 136, \quad x = \frac{34}{5}$$

4

(1) $\dfrac{8}{3}$ cm **(2)** $\dfrac{2}{13}$ 倍

解説

(1) △EFGと△CABにおいて，

∠EGF = ∠CBA = 90° …①

∠GEF + ∠CFH = 90° …②

∠BCA + ∠CFH = 90° …③

②，③より，

∠GEF = ∠BCA …④

①，④より，2組の角がそれぞれ等しいから，

△EFG∽△CAB

よって，FG : AB = EG : CB

FG : 4 = 4 : 6

6FG = 16

$$FG = \frac{8}{3} cm$$

(2) (1)より，

$$BF = 4 - \frac{8}{3}$$

$$= \frac{4}{3} \ (cm)$$

△ICG∽△IAEで相似比は，

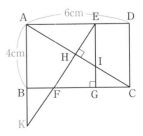

$$2 : 4 = 1 : 2$$

だから，

$$GI = 4 \times \frac{1}{1+2} = \frac{4}{3} \text{ (cm)}$$

ここで，ABの延長とEFの延長の交点をKとすると，

$$\triangle IGC \equiv \triangle FBK \text{（証明は下記）}$$

$\triangle IGC = \triangle FBK$，$\triangle ABC = \triangle EAK$だから，

$$\begin{aligned}
\text{四角形HFGI} &= \triangle ABC - \triangle IGC - \text{四角形ABFH} \\
&= \triangle EAK - \triangle FBK - \text{四角形ABFH} \\
&= \triangle EHA
\end{aligned}$$

すなわち，四角形HFGI $= \triangle EHA$

ここで，$\triangle ABC \infty \triangle EHA$だから，

$$\triangle ABC : \triangle EHA = AC^2 : AE^2$$
$$= 52 : 16 = 13 : 4$$

したがって，

$$\begin{aligned}
&\text{四角形HFGI ：長方形ABCD} \\
&= 4 : (13 \times 2) = 2 : 13
\end{aligned}$$

（$\triangle$IGC $\equiv$ $\triangle$FBKの証明）

$\triangle IGC$と$\triangle FBK$において，

$$GI = 4 \times \frac{1}{1+2} = \frac{4}{3} \text{ (cm)}$$

$$BF = 6 - \frac{8}{3} - 2 = \frac{4}{3} \text{ (cm)}$$

よって，GI $=$ BF　　　…⑤

$$\angle IGC = \angle FBK = 90° \quad \cdots ⑥$$
$$\angle ICG + \angle GFH = 90° \quad \cdots ⑦$$
$$\angle FKB + \angle GFH = 90° \quad \cdots ⑧$$

⑦，⑧より，

$$\angle ICG = \angle FKB \qquad \cdots ⑨$$

⑥，⑨より，

$\triangle IGC$と$\triangle FBK$の残りの1つの角も等しくなり，

$$\angle CIG = \angle KFB \qquad \cdots ⑩$$

⑤，⑥，⑩より，1組の辺とその両端の角がそれぞれ等しいから，

$$\triangle IGC \equiv \triangle FBK$$

PART4 平面図形

6 円の性質

問題→P.104

1

(1)	30°	(2)	50°	(3)	112°
(4)	20°	(5)	66°	(6)	26°

解説

(1) $\angle AOB = 2\angle ACB = 40°$

三角形の外角が等しいから，

$$40° + \angle x = 20° + 50°,$$
$$\angle x = 30°$$

(2) 右の図のように，円周角を移動すると，

$$\angle x + 35° + 95° = 180°$$
$$\angle x = 50°$$

(3) $\angle DBA = \angle DCA = 28°$

$$\begin{aligned}
\angle ACB &= \angle ABC \\
&= 42° + 28° = 70°
\end{aligned}$$

$$\begin{aligned}
\angle x &= \angle ACB + \angle CBD \\
&= 70° + 42° = 112°
\end{aligned}$$

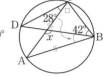

(4) $\angle BAC = 120° \div 2 = 60°$

$$\angle OAB = 40° \quad (OA = OB)$$
$$\angle OAC = 60° - 40° = 20°$$
$$\angle x = \angle OAC = 20°$$

(5) $\angle BOC = 180° - 46° \times 2 = 88°$

$$\angle BAC = 88° \div 2 = 44°$$
$$\angle ACB = (180° - 44°) \div 2 = 68°$$
$$\angle BDC = 180° - 46° - 68°$$
$$= 66°$$

（外角の利用も可）

(6) $\angle BCD = 90° - 58° = 32°$

$\overparen{BD}$に対する中心角より，

$$\angle DOB = 32° \times 2 = 64°$$
$$\angle x = 180° - 90° - 64°$$
$$= 26°$$

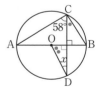

2

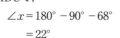

(1)	22°	(2)	37°	(3)	59°
(4)	$x = 18$	(5)	44°		

解説

(1) $\angle ADC = 90°$ （AC：直径）

$$\angle ACD = \angle ABD = 68°$$

$\triangle ADC$で，

$$\angle x = 180° - 90° - 68°$$
$$= 22°$$

(2) 補助線CDをひく。

    ∠BCD＝90°（BD：直径）

    ∠BDC＝∠BAC＝53°

△BDCで，

    ∠x＝180°－90°－53°＝37°

(3) 補助線ABをひく。

    ∠BDC＝103°－72°＝31°

    （三角形の内角と外角）

    ∠BAC＝∠BDC＝31°

BEは直径だから，∠BAE＝90°

    ∠x＝90°－31°＝59°

(4) 補助線BCをひく。

    ∠DBC＝∠DAC＝72°

    ∠ABC＝90°（AC：直径）

    x°＝90°－72°＝18°

(5) 補助線BEをひく。

    ∠BED＝90°（BD：直径）

    ∠x＝∠ACB＝∠AEB

      ＝134°－90°＝44°

3

  (1)　128°　　(2)　136°　　(3)　49°

  (4)　75°　　(5)　17°

解説

(1) ∠BPCをつくる。

    ∠BPC＝180°－116°＝64°

    （円に内接する四角形）

    ∠x＝∠BPC×2＝64°×2

      ＝128°　（円周角と中心角）

(2) ∠BAC＝180°－34°×2

      ＝112°　（AB＝AC）

    ∠BPC＝180°－∠BAC

      ＝180°－112°＝68°

    ∠x＝∠BPC×2＝68°×2

      ＝136°

      （円周角と中心角）

(3) ∠BDC＝90°（BC：直径）

    ∠ADC＝41°＋90°＝131°

四角形ABCDで，

    ∠ABC＝180°－131°＝49°

    （円に内接する四角形）

---

(4) ∠ADB＝∠BDC＝90°

    （AB：直径）

    ∠BCD＝180°－90°－15°

      ＝75°

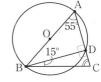

（別解）

    ∠ABD＝180°－90°－55°＝35°

△ABCで，

    ∠BCD＝180°－55°－（35°＋15°）＝75°

(5) ∠CAE＋∠AEC＝58°

    ∠DBE（•）＝∠CAE

  ＝58°－41°＝17°

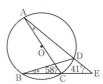

4

  (1)　18°　　(2)　82°

  (3)　$\dfrac{48}{5}\pi$ cm　　(4)　40°

解説

(1) AB＝ACより，図の

    AHはBCの垂直二等分線。

    2∠x＋54°＋90°＝180°

    ∠x＝18°

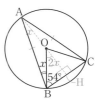

(2) $\overset{\frown}{AB}$に対する中心角

    と円周角より，

    ∠ACB＝∠AOB÷2

      ＝45°

    ∠x＋45°＋53°＝180°

    ∠x＝82°

(3) ∠AOB＝∠APB×2

      ＝150°

円周を$x$cmとすると，

    4π：x＝150：360

    x＝360×4π÷150

      ＝$\dfrac{48}{5}\pi$　（cm）

(4) ∠BAE＝180°－78°－42°

      ＝60°

    ∠BAD：∠EAD＝2：1

  より，∠BAD＝60°×$\dfrac{2}{2＋1}$

      ＝40°

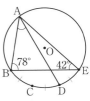

5

(1) （証明）△DAC と△GEC において，

$\overparen{CD}$ に対する円周角より，

$$\angle DAC = \angle GEC \quad \cdots ①$$

また，$\overparen{AB}$に対する円周角より，

$$\angle ADB = \angle ACB \quad \cdots ②$$

また，仮定より，

$$\angle BDC = \angle GFC = 90° \quad \cdots ③$$

ここで，$\angle ADC = \angle ADB + \angle BDC$

$$\angle EGC = \angle ACB + \angle GFC$$

②，③より，$\angle ADC = \angle EGC \quad \cdots ④$

①，④より，2組の角がそれぞれ等しいから，△DAC∽△GEC

(2) 48°

解説

(1) （解答参照）

等しい2組の角を
見つける。

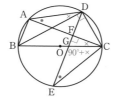

(2) $\angle BAC = \angle EFC = 90°$
より，$AB /\!/ DE$

よって，

$$\angle ABC = \angle BGE$$
$$= \angle 70°$$

$AD : DC = 3 : 2$ より，

$$\angle ABD = 70° \times \frac{3}{3+2} = 42°$$

$$\angle ACD = \angle ABD = 42°$$

よって，△DFCで，

$$\angle FDC (= \angle EDC) = 180° - 90° - 42° = 48°$$

（別解）

$\overparen{AD} : \overparen{DC} = 3 : 2$

より，円周角の比を，

$$\angle DCA : \angle DAC = 3x : 2x$$
とおく。

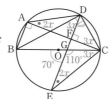

(1)より，

$$\angle BCE + \angle DEC$$
$$= \angle DCA + \angle DAC = 3x + 2x$$
$$= 5x = 70° \quad (△GEC の内角と外角の性質)$$

よって，$x = 14°$

△DECで，

$$\angle EDC = 90° - \angle BDE$$
$$= 90° - 3x = 90° - 3 \times 14°$$
$$= 90° - 42° = 48°$$

6

(1) $3\sqrt{3}\,\mathrm{cm}^2$

(2) （証明）△ABEと
△ADBにおいて，
△ABCは二等辺三
角形だから，

$$\angle ABE = \angle ACB$$
$$\cdots ①$$

$\overparen{AB}$に対する円周角だから，

$$\angle ADB = \angle ACB \quad \cdots ②$$

①，②より，

$$\angle ABE = \angle ADB \quad \cdots ③$$

また，

$$\angle BAE = \angle DAB（共通） \quad \cdots ④$$

③，④より，2組の角がそれぞれ等し
いから，

$$△ABE∽△ADB$$

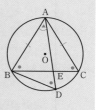

解説

(1) 右図より，

$$△ABC = \frac{1}{2} \times (\sqrt{3} + \sqrt{3})$$
$$\times (2 + 1)$$
$$= 3\sqrt{3} \quad (\mathrm{cm}^2)$$

（別解）

正三角形の1辺をaとすると，面積Sは

$$S = \frac{\sqrt{3}}{4}a^2$$

で求められる。

これを用いてもよい。

(2) （解答参照）AB＝ACを利用して，2組目の角
が等しいことをいう。

PART4
平面図形

7 平行線と比

問題→P.110

1

(1) $x = 6$ (2) $x = 3$, $y = \dfrac{21}{2}$

(3) 3cm   (4) $\dfrac{15}{4}$cm

解説

(1) $3 : x = (12 - 8) : 8$

これを解いて，$x = 6$

(2) $6 : x = 8 : 4$,　$x = 3$
$$y : 7 = (4+8) : 8,$$
$$y = \frac{7 \times 12}{8} = \frac{21}{2}$$

(3) $AB : AD = BC : DE$
より，$AB : 2 = 10 : 4$,　$AB = 5cm$
$$DB = AB - AD = 5 - 2 = 3 \text{（cm）}$$

(4) $AC : AE = BC : DE$
より，$(5+3) : 5 = 6 : DE$
$$DE = 5 \times 6 \div 8 = \frac{15}{4} \text{（cm）}$$

2

(1) 7cm　**(2)** $\dfrac{16}{3}$cm

(3) $x = 20$　**(4)** $x = 9$

解説

(1) AFの延長とBCの延
長の交点をGとする。

$\triangle FAD \equiv \triangle FGC$より，
$$BG = 11 + 3 = 14 \text{（cm）}$$
中点連結定理より，
$$EF = BG \div 2 = 14 \div 2 = 7 \text{（cm）}$$

(2) DC∥AHとなる点HをBC上にとり，EFとの
交点をKとする。
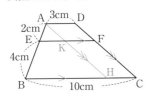
$HC = AD = KF = 3cm$より，
$$BH = 10 - 3 = 7 \text{（cm）}$$
$$EK = 7 \times \frac{2}{4+2} = \frac{7}{3} \text{（cm）}$$
$$EF = EK + KF = \frac{7}{3} + 3 = \frac{16}{3} \text{（cm）}$$

(3) DC∥AHとなる点Hを
BC上にとり，AHと
PQとの交点をK
とする。
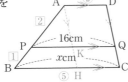
$AD = t$とおいて，
$$(x - t) : (16 - t) = (2+1) : 2$$
$$48 - 3t = 2x - 2t$$
$$2x = 48 - t$$

ここに，$t = \dfrac{2}{5}x$ を代入して，$\dfrac{12}{5}x = 48$,
$$x = 20$$

(4) ACとBDの交点をOとして相似の対応の順に
注意すると，$AO : CO = DO : BO$より，
$$4 : 6 = 6 : x,\quad x = 9$$

3

(1) 9cm　**(2)** $\dfrac{12}{5}$cm

(3) $\dfrac{15}{4}$cm　**(4)** $\dfrac{2}{3}$

解説

(1) $\triangle ABE \infty \triangle DCE$より，
$$BA : CD = AE : DE$$
$$6 : CD = 4 : 6$$
$$CD = 9cm$$

(2) 下の図より，
$\triangle ABE \infty \triangle CDE$で，
相似比は，
$$6 : 4 = 3 : 2$$
だから，
$$BE : ED = 3 : 2$$
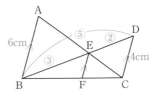
$\triangle BCD$で，
$$DC : EF = BD : BE$$
$$4 : EF = 5 : 3$$
$$EF = 4 \times 3 \div 5 = \frac{12}{5} \text{（cm）}$$

(3) $\triangle ABD$で，
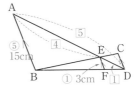
$AB : EF$
$= AD : ED$
$= 15 : 3$
$= 5 : 1$
よって，
$EA : ED = 4 : 1$，$\triangle EAB \infty \triangle EDC$より，
$$CD : BA = ED : EA = 1 : 4$$
$$CD : 15 = 1 : 4,\quad CD = \frac{15}{4}cm$$

(4) AB∥KGとなる点K
をAH上に，CD∥LH
となる点LをCG上に
とる。

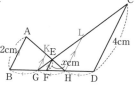

中点連結定理より，

$$KG = \frac{1}{2}AB = 1(cm), \quad LH = \frac{1}{2}CD = 2(cm)$$

よって，GF：FH＝GE：LE＝KG：LH＝1：2

より，$EF = KG \times \dfrac{FH}{GH} = KG \times \dfrac{FH}{GF+FH}$

$$= 1 \times \frac{2}{1+2} = \frac{2}{3} \ (cm)$$

PART4
平面図形
8 作図

問題→P.114

1

(1)

(2)

(3)

(4)

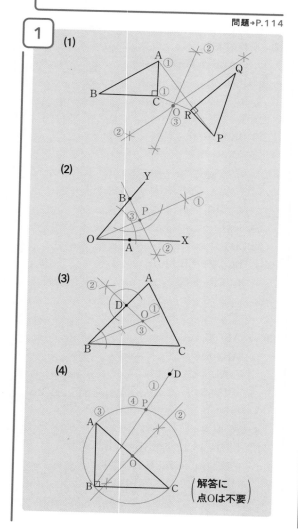

解説　（どれも解答図参照）

(1) 回転移動では，回転の中心から対応する頂点
までの距離が同じであることを利用する。
［作図法］　①　対応する点AとP，CとRを結ん
で線分AP，CRをかく（BQでもよい）。
②　各線分AP，CRの垂直二等分線をかく。
（2本だけで可）
③　垂直二等分線の交点をOとする。

(2) ［作図法］　①　∠XOYの二等分線をかく。
②　Bを通り，①の直線に垂直な直線をかく。
③　①，②の交点をPとする。

(3) 円の接線と半径は直交することを利用する。
［作図法］　①　∠ABCの二等分線をかく。
②　線分ABに垂直で，点Dを通る垂線をかく。
③　①，②の交点をOとする。

(4) 「角が等しい」＝円周角を利用する。
［作図法］　①　BとDを結ぶ。
②　線分ACの垂直二等分線をかき，線分ACと
の交点をOとする。
③　Oを中心に半径OAの円をかく。
④　円周と，BDとの交点をPとする。

2

(1)

(2)

（解答にℓは不要）

(3)

(4)

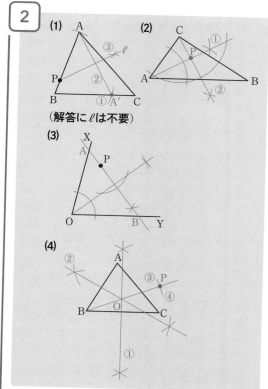

解説 （どれも解答図参照）

(1) できた図から逆にして考える。辺APの移り方がポイント。

[作図法] ① PA＝PA′となる点A′をBC上にとる。

② AとA′を結ぶ。

③ 線分AA′にPから垂線ℓを下ろすと，求める直線になる。

(2) 「2辺から等しい点」＝角の二等分線上の点。

「点Cから最短の距離」＝垂線を下ろす。

[作図法] ① ∠Aの二等分線をかく。

② 点Cから①の直線に垂線を下ろす。

③ ①，②の交点をPとする。

(3) 点Pは二等辺三角形AOBの底辺上にある。

[作図法] ① ∠XOYの二等分線をかく。

② Pを通り，①の直線に垂直な線をかく。

③ OX，OYとの交点をA，Bとする。

(4) 線分BPは，3点A，B，Cを通る円の直径となる。

[作図法] ① 辺BCの垂直二等分線をかく。

② 辺ABの垂直二等分線をかく。

③ ①，②の交点(O)を中心とする半径OBの円をかく。

④ ③の円と直線BOの交点で，Bと異なる点をPとする。

(注意) 垂直二等分線を作図する辺は，辺AB，BC，CAの3辺のうちのどれか2辺を選べばよい。

3

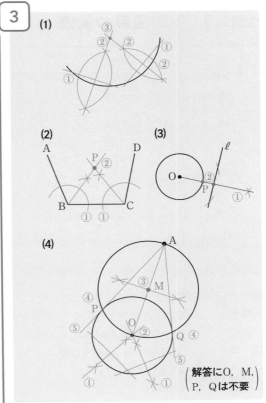

(1)

(2) (3)

(4)

解答にO，M，P，Qは不要

解説 （どれも解答図参照）

(1) [作図法] ① 任意に異なる2本の弦をひく。

② 弦の垂直二等分線を2本かく。

③ ②の垂直二等分線の交点が求める円の中心である。

(2) [作図法] ① ∠B，∠Cの二等分線をかく。

② ①の交点が求める円の中心Pである。

(3) [作図法] ① Oからℓに垂線を下ろす。

② ①の垂線と円周の交点が求める点Pである。

(4) 別の円の直径に対する円周角を利用する。

[作図法] ① 異なる2本の弦をひき，それぞれの垂直二等分線をかく。

② ①の垂直二等分線の交点をOとする（与えられた円の中心）。

③ AとOを結び，AOの垂直二等分線をかき，線分AOとの交点をMとする。

④ Mを中心に半径MOの円をかき，円Oとの2つの交点をP，Qとする。

⑤ AP，AQが求める2本の接線である。

1 空間図形の基礎

問題→P.119

1

(1) ① $12\pi\,\mathrm{cm}^3$　② ア

(2) 3本　(3) 3cm

(4) $r=2$，体積 $\dfrac{16}{3}\pi\,\mathrm{cm}^3$

解説

(1) ① 円錐の体積は

$$V=\frac{1}{3}Sh=\frac{1}{3}\times\pi\times3^2\times4=12\pi\ (\mathrm{cm}^3)$$

② 展開図のおうぎ形の中心角は，全円周と底

面の円周との比より，$360°\times\dfrac{3}{5}=216°>180°$

(2) 「ねじれの位置」は「平行でもなく，交わり
もしない2直線の位置関係」をいう。本問では
辺CF，DF，EFの3本が辺ABとねじれの位置。

(3) おうぎ形は半円だから，その半円周は，

$$\pi\times12\div2=6\pi\ (\mathrm{cm})$$

底面の円の半径を$r$cmとすると，

$$2\pi r=6\pi,\quad r=3$$

(4) 円周が4πcmより，$4\pi=2\pi r$，$r=2$

また，体積は，$\dfrac{4}{3}\pi\times2^3\times\dfrac{1}{2}=\dfrac{16}{3}\pi\ (\mathrm{cm}^3)$

2

$\dfrac{2}{3}$倍

解説

円錐の体積は，$\dfrac{1}{3}\pi\times(2a)^2\times h=\dfrac{4}{3}\pi a^2h\ (\mathrm{cm}^3)$

円柱の体積は，$\pi\times a^2\times2h=2\pi a^2h\ (\mathrm{cm}^3)$

よって，$\left(\dfrac{4}{3}\pi a^2h\right)\div(2\pi a^2h)=\dfrac{4}{3}\div2=\dfrac{2}{3}$（倍）

3

(1) ア　(2) $\dfrac{180-a}{2}$（°）　(3) $\dfrac{18}{5}$cm

解説

(1) CDと平行でもなく交わりもしない辺はAB。
よって，ア。

(2) $\angle\mathrm{ACD}=(180°-a°)\div2$

(3) $\mathrm{BC}:\mathrm{GC}=\mathrm{AC}:\mathrm{FC}=\mathrm{AD}:\mathrm{ED}=5:3$

$$\mathrm{GC}=6\times\frac{3}{5}=\frac{18}{5}\ (\mathrm{cm})$$

4

(1) $24\mathrm{cm}^3$　(2) $\dfrac{117}{8}$倍

(3) $36\sqrt{7}\mathrm{cm}^3$　(4) $72\pi\mathrm{cm}^2$

解説

(1) 三角錐ABCDと三角錐PBCDは，底面が
△ABDと△PBDで，高さはともにBCである。

三角錐PBCD＝三角錐ABCD$\times\dfrac{2}{1+2}$

$\qquad$＝三角錐ABCD$\times\dfrac{2}{3}$

$\qquad$＝$\dfrac{1}{3}\times\dfrac{1}{2}\times6\times6\times6\times\dfrac{2}{3}=24\ (\mathrm{cm}^3)$

(2) 三角錐OABCと三角錐ODEFは，
△ABC∥△DEFより，相似である。相似比は
AB：DE＝5：2より体積比は，$5^3:2^3=125:8$。
QとPの体積比は，$(125-8):8=117:8$

よって，QはPの，$117\div8=\dfrac{117}{8}$（倍）

(3) 立体は，底面が，直角をはさむ2辺が6cm，
$\sqrt{8^2-6^2}=2\sqrt{7}\ (\mathrm{cm})$の直角三角形で，高さが
6cmの三角柱だから，体積は，

$$V=\frac{1}{2}\times6\times2\sqrt{7}\times6=36\sqrt{7}\ (\mathrm{cm}^3)$$

(4) 表面積＝側面積＋底面積×2

$\qquad=2\pi\times3\times9+\pi\times3^2\times2=72\pi\ (\mathrm{cm}^2)$

5

(1) 4cm　(2) $50\pi\mathrm{cm}^3$

(3) $\dfrac{4\sqrt{2}}{3}\pi\mathrm{cm}^3$　(4) ウ

解説

(1) 円柱の高さを$h$cmとすると，

$$\pi\times3^2\times h=\frac{4}{3}\pi\times3^3,\quad h=4$$

(2)（円錐の体積）$=\dfrac{1}{3}\pi r^2h$

$\qquad\qquad\qquad=\dfrac{1}{3}\pi\times5^2\times6$

$\qquad\qquad\qquad=50\pi\ (\mathrm{cm}^3)$

(3) 図のような，底面の半径$\sqrt{2}$cm，
高さ$\sqrt{2}$cmの円錐2個分。

$$\frac{1}{3}\pi \times (\sqrt{2})^2 \times \sqrt{2} \times 2$$

$$= \frac{4\sqrt{2}}{3}\pi \ \ (\text{cm}^3)$$

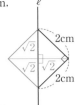

(4) AE⊥平面EFGHで，EGは平面
EFGH上の直線だから，AE⊥EG。

$\boxed{6}$ **(1)** 72π cm³　　**(2)** 4倍

解説

(1) （台形の回転体の体積）＝（円柱の体積）－（円錐
の体積）

より，$\pi \times 3^2 \times 9 - \frac{1}{3}\pi \times 3^2 \times 3 = 72\pi \ \ (\text{cm}^3)$

(2) おうぎ形の回転体は半球になるから，

$$\frac{4}{3}\pi \times 3^3 \times \frac{1}{2} = 18\pi \ \ (\text{cm}^3)$$

よって，

（台形の回転体の体積）÷（扇形の回転体の
体積）

$= 72\pi \div 18\pi = 4 \ \ (\text{倍})$

$\boxed{7}$ **(1)** $\dfrac{26}{27}$倍　　**(2)** $\dfrac{2\sqrt{6}}{3}$cm

解説

(1) 三角錐ODEF∽三角錐
OABCで，相似比は
$1 : (1+2) = 1 : 3$より，
体積比は $1^3 : 3^3 = 1 : 27$
Aを含む立体の体積と正
四面体OABCの体積の比
は，$(27-1) : 27 = 26 : 27$

(2) △AOGと△OGHにおいて，GA＝GOより，
∠GAO＝∠HOG
また，OH＝GHより，
∠GOA＝∠HGO
よって，
　　△AOG∽△OGH
だから，
AO : AG＝OG : OH
$8 : 4\sqrt{3} = 4\sqrt{3} : OH$より，OH＝6cm，AH＝2cm

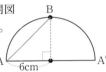

△HAGで，AI＝$x$cmとおくと，HIに着目して，

$$AH^2 - AI^2 = HG^2 - GI^2$$

$$2^2 - x^2 = 6^2 - (4\sqrt{3} - x)^2 \ \ (HG = OH = 6\text{cm})$$

$$8\sqrt{3} \times x = 16, \ \ x = \frac{2\sqrt{3}}{3}$$

$$HI^2 = 2^2 - \left(\frac{2\sqrt{3}}{3}\right)^2 = 4 - \frac{12}{9} = \frac{24}{9}$$

$$HI = \frac{2\sqrt{6}}{3} \text{cm}$$

PART5
空間図形

2 空間図形と三平方の定理

問題→P.125

$\boxed{1}$ **(1)** $9\sqrt{3}\pi$ cm³　　**(2)** 18π cm²

　　(3) $6\sqrt{2}$cm

解説

(1) 円錐の高さHCは，母線の
長さ6cm，底面の円の
半径3cmより，

$$HC = \sqrt{6^2 - 3^2}$$
$$= 3\sqrt{3} \ \ (\text{cm})$$

体積は，$\frac{1}{3}\pi \times 3^2 \times 3\sqrt{3} = 9\sqrt{3}\pi \ \ (\text{cm}^3)$

(2) 側面積は円錐の展開図のおうぎ形になるから，

$\pi \times$（母線の長さ）$\times$（底面の半径）

$= \pi \times 6 \times 3 = 18\pi \ \ (\text{cm}^2)$

(3) 最短距離は，側面の展開図
上の線分ABの長さである。
側面の展開図の中心
角は，

$$360° \times \frac{3}{6} = 180°$$

だから，弧ABの中心角は，$180° \times \frac{1}{2} = 90°$より，

側面の展開図は上図のようになる。

よって，AB＝$6\sqrt{2}$cm

$\boxed{2}$ **(1)** 辺CF，DF，EF

　　(2) ア $9^2 - (8-x)^2$　　イ 2

　　(3) 60π cm³

解説

(1) 「ねじれの位置」は，平行でもなく，交わり

もしない直線どうしの位置関係をいう。

　　ABと平行：辺DE

　　辺ABと交わる：辺AD，BE，AC，BC

上の辺以外のものだから，辺CF，DF，EF

(2) ア　△DPEと△DPFで，高さDPが共通で等しいことを利用する。

　イ　$7^2 - x^2 = 9^2 - (8-x)^2$ より，

　　　$49 - x^2 = 81 - 64 + 16x - x^2$

　　　$16x = 32, \ x = 2$

(3) $DP = \sqrt{7^2 - 2^2} = \sqrt{45} = 3\sqrt{5}$ (cm)

　　　$AP = \sqrt{6^2 + (3\sqrt{5})^2}$

　　　　　$= \sqrt{81} = 9$ (cm)

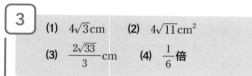

DからAPに垂線DHを下ろし，HA＝yとおく。

　　　$6^2 - y^2 = (3\sqrt{5})^2 - (9-y)^2$　より，

　　　$36 - y^2 = 45 - 81 + 18y - y^2$

　　　$18y = 72, \ y = 4$

　　　$DH = \sqrt{6^2 - 4^2} = \sqrt{20} = 2\sqrt{5}$ (cm)

よって，APを軸として，半径$2\sqrt{5}$cm，AP＝9cmの回転体だから，

　　　体積 $= \dfrac{1}{3}\pi \times (2\sqrt{5})^2 \times 9 = 60\pi$ (cm³)

3

(1) $4\sqrt{3}$cm　　**(2)** $4\sqrt{11}$cm²

(3) $\dfrac{2\sqrt{33}}{3}$cm　　**(4)** $\dfrac{1}{6}$倍

解説

(1) △AQCは斜辺AC＝8cm，CQ＝4cmの直角三角形なので，三平方の定理より，

　　　$AQ = \sqrt{8^2 - 4^2} = 4\sqrt{3}$ (cm)

　　　($1:2:\sqrt{3}$の比を用いてもよい)

(2) △APQはAP＝AQ＝$4\sqrt{3}$cm，
PQ＝4cmの二等辺三角形
（△CBDで中点連結定理を
用いる）。AからPQに
垂線AHを下ろすと，

　　　PH＝QH＝2cm

　　　$AH^2 = (4\sqrt{3})^2 - 2^2 = \sqrt{44}$

　　　$AH = 2\sqrt{11}$cm

よって，$△APQ = \dfrac{1}{2} \times 4 \times 2\sqrt{11} = 4\sqrt{11}$ (cm²)

(3) AからPQにひいた垂線と辺PQとの交点をH
とする。AP＝$4\sqrt{3}$cm，△APQ＝$4\sqrt{11}$cm²

だから，

　　　$\dfrac{1}{2} \times AP \times QP = 4\sqrt{11}$

　　　$QR = 4\sqrt{11} \times 2 \div 4\sqrt{3} = \dfrac{2\sqrt{33}}{3}$ (cm)

(4) △PQR∽△PAHだから，PQ：PR＝PA：PH
＝$4\sqrt{3}$：2，PQ＝4より，

　　　$PR = 4 \times 2 \div 4\sqrt{3} = \dfrac{2\sqrt{3}}{3}$ (cm)

三角錐RBCDと正四面体ABCDで，底面
（△BCD）が共通で，高さの比は，PR：APに等しいから，

　　　$PR : AP = \dfrac{2\sqrt{3}}{3} : 4\sqrt{3} = 1 : 6$

だから，体積は$\dfrac{1}{6}$倍。

4

(1) $2\sqrt{2}$cm

(2) ①　$\dfrac{1}{2}\pi$ cm　　②　$\dfrac{2+\sqrt{2}}{3}$cm³

解説

(1) △AOBは斜辺AB＝3cm，BO＝1cmの直角三角形なので，三平方の定理より，

　　　$OA = \sqrt{3^2 - 1^2} = 2\sqrt{2}$ (cm)

(2) ①　∠BAP＝30°より，

　　　$\overset{\frown}{BP} = 2\pi \times 3 \times \dfrac{30}{360} = \dfrac{1}{2}\pi$ (cm)

　　② 高さAO＝$2\sqrt{2}$cm

　　　AOは一定なので，底面積が最大になるとき，
三角錐ABPQの体積は最大になる。それは，
△BPQがBQ＝PQの二等辺三角形のとき（BP
を底辺と見たとき，高さが最大となるとき）。

このとき，$\overset{\frown}{BP} = \dfrac{1}{2}\pi$ cmなので，

　　　∠BOP $= 360° \times \left(\dfrac{1}{2}\pi \div 2\pi\right)$

　　　　　　$= 90°$

　　　BP＝$\sqrt{2}$cmより，底面積は，

　　　$△BPQ = \dfrac{1}{2} \times \sqrt{2} \times \left(1 + \dfrac{\sqrt{2}}{2}\right)$

よって，三角錐ABPQの体積，

　　　$\dfrac{1}{3} \times \dfrac{1}{2} \times \sqrt{2} \times \left(1 + \dfrac{\sqrt{2}}{2}\right) \times 2\sqrt{2}$

$$= \frac{2+\sqrt{2}}{3} \,(\text{cm}^3)$$

$$三角錐\text{OHCD} = \frac{1}{3} \times \frac{1}{2} \times 4 \times \frac{5}{2} \times \frac{\sqrt{23}}{2}$$

$$= \frac{5\sqrt{23}}{6} \,(\text{cm}^3)$$

5

(1) $\dfrac{1}{2}$ cm **(2)** $\dfrac{4\sqrt{14}}{3}$ cm^3

解説

(1) △ACD∽△AFGより，

CD：FG＝AD：AG

2：FG＝4：1

よって，FG＝$2 \times 1 \div 4 = \dfrac{1}{2}$（cm）

(2) △AECでECの中点をHとすると，

HE＝$\sqrt{2}$cm，AE＝4cm，∠AHE＝90°より，

$\text{AH}^2 = \text{AE}^2 - \text{EH}^2$，

$\text{AH}^2 = 4^2 - (\sqrt{2})^2 = 14$，AH＝$\sqrt{14}$cm

よって，求める正四角錐の体積は，

$$\frac{1}{3} \times 2 \times 2 \times \sqrt{14} = \frac{4\sqrt{14}}{3} \,(\text{cm}^3)$$

6

(1) OM＝$2\sqrt{2}$cm，ON＝$2\sqrt{3}$cm

(2) $\text{OH}^2 = 8 - x^2$ **(3)** $\dfrac{3}{2}$ cm

(4) $\dfrac{5\sqrt{23}}{6}$ cm^3

解説

(1) $\text{OM} = \sqrt{\text{OA}^2 - \text{AM}^2} = \sqrt{(2\sqrt{3})^2 - 2^2}$

$= 2\sqrt{2}$（cm）

$\text{ON} = \sqrt{\text{OC}^2 - \text{CN}^2} = \sqrt{4^2 - 2^2}$

$= 2\sqrt{3}$（cm）

(2) $\text{OH}^2 = \text{OM}^2 - \text{MH}^2 = 8 - x^2$

(3) △OHNで，NH＝$4-x$であり，OH^2は

$\text{OH}^2 = \text{ON}^2 - \text{NH}^2$と表せるから，

$\text{OM}^2 - \text{MH}^2 = \text{ON}^2 - \text{NH}^2$

$8 - x^2 = (2\sqrt{3})^2 - (4-x)^2$

$8 - x^2 = 12 - 16 + 8x - x^2$

$8x = 12$，$x = \dfrac{3}{2}$（cm）

(4) $\text{OH}^2 = 8 - \left(\dfrac{3}{2}\right)^2 = \dfrac{23}{4}$より，

$\text{OH} = \dfrac{\sqrt{23}}{2}$cm，$\text{NH} = 4 - \dfrac{3}{2} = \dfrac{5}{2}$（cm）

7

$6\sqrt{7}$cm

解説

立体上の最短距離は，展開図での線分になる。

おうぎ形の展開図は，

中心角が$360° \times \dfrac{4}{12} = 120°$，

半径12cmになる。

最短距離は，右図の

AMになる。

∠MOH＝60°，OM＝6cmなので，OH＝3cm，

MH＝$3\sqrt{3}$cm，AH＝15cm

△MHAで三平方の定理により，

$\text{AM} = \sqrt{(3\sqrt{3})^2 + 15^2} = 3\sqrt{(\sqrt{3})^2 + 5^2}$

$= 3\sqrt{28} = 6\sqrt{7}$（cm）

8

$\dfrac{32\sqrt{3}}{3}$cm^3

解説

右の図で上の図の正三角形は，四角錐の側面の三角形ではないことに注意。左右の辺AB，ACの4cmは，それぞれ下の図の点線部の部分である。

$\text{AH}^2 = \text{AB}^2 - \text{BH}^2$

$= 4^2 - 2^2 = 12$

AH＝$2\sqrt{3}$cm

よって，立体の体積は，

$$\frac{1}{3} \times 4^2 \times 2\sqrt{3} = \frac{32\sqrt{3}}{3} \,(\text{cm}^3)$$

9

(1) 6cm **(2)** 7：1

(3) 2cm

解説

(1) 立体を真上から見ると，MN∥FPで，次の図では，

CN：NP＝CM：MB
$\qquad$ ＝1：1
CN＝3cmより，NP：3cm
よって，GP＝6cm。

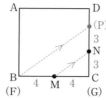

(2) 三角錐QMCN（V_2）と三角錐QFGPは相似で，
相似比はMC：FG＝1：2より，体積比は$1^3：2^3$
＝1：8。
立体MCNFGP（V_1）は三角錐QFGPからV_2を
除いたものなので，
$V_1：V_2＝(8-1)：1＝7：1$

(3) QG：QC＝2：1より，QC：CG＝1：1
CG＝8cmであるから，QC＝8cm
また，V_2とV_3の体積は，それぞれの底面を
△MCN，△FGPとし，高さをQC，GRとすると，
V_3の底面積△FGRはV_2の底面積△MCNの4倍
だから，V_3の高さGRはV_2の高さQC（8cm）の
$\dfrac{1}{4}$になればよい，
よって，GR＝$8 \times \dfrac{1}{4}＝2$ （cm）

問題→P.131

1

(1) $\dfrac{7}{8}$　　(2) イ，$\dfrac{8}{15}$　　(3) $\dfrac{5}{36}$

解説

(1) 3枚の硬貨の表裏の出方は，$2^3＝8$（通り）
（少なくとも1枚は表が出る）は（全部裏）の
1通りを除いたものだから，
$$求める確率＝\frac{8-1}{8}＝\frac{7}{8}$$

(2) 6人から2人を選ぶ選び方は，$\dfrac{6 \times 5}{2}＝15$（通り）

アの場合の数は　$\dfrac{4 \times 3}{2}＝6$（通り）

イの場合の数は　$4 \times 2＝8$（通り）
ウの場合の数は　1通り

よって，イがいちばん大きく，確率＝$\dfrac{8}{15}$

(3) 「$y＝-x+8$上にある」⇔「$x+y＝8$である」
たして8になるのは，$x＝2，3，4，5，6$のとき，
それぞれ$y＝6，5，4，3，2$になる場合の5通り。
目の出方は全部で$6 \times 6＝36$（通り）

よって，確率＝$\dfrac{5}{36}$

2

(1) 36通り　　(2) $\dfrac{1}{6}$　　(3) $\dfrac{3}{4}$

解説

(1) 大の目1～6のそれぞれに対して，小の目も
1～6の6通りの出方があるから（図参照），
$6 \times 6＝36$（通り）

(2) 和が7になるのは，右
図の○印の6通りだから，
$$確率＝\frac{6}{36}＝\frac{1}{6}$$

B＼A	1	2	3	4	5	6
1	2	3	4	5	6	⑦
2	3	4	5	6	⑦	8
3	4	5	6	⑦	8	9
4	5	6	⑦	8	9	10
5	6	⑦	8	9	10	11
6	⑦	8	9	10	11	12

（和が7になる目の出方）

(3) 積が偶数になるのは，
（大，小）＝（奇数，奇数）以外で，
$36-9＝27$（通り）
$$確率＝\frac{27}{36}＝\frac{3}{4}$$

3

$$(1)\ \ \frac{3}{5} \qquad (2)\ \ \frac{2}{9}$$

解説

(1) 余事象の考え方を使う。

（少なくとも1個は3の倍数である確率p）
　　　$=1-$（3の倍数が1個もない確率q）

2個の玉を同時に取り出す場合の数は，6個の異なる玉の中から2個選ぶ組み合わせの数で，

$$6\times5\div2=15（通り）$$

3の倍数が1個もない場合の数は，⑫と⑮を除く4個の中から2個選ぶ組み合わせの数より，

$$4\times3\div2=6（通り）$$

よって，

（少なくとも1個は3の倍数である確率p）

$$=1-\frac{6}{15}=\frac{9}{15}=\frac{3}{5}$$

(2) すべての出る目の場合の数は，

$$6\times6=36（通り）$$

$x^2=ab$ より，$x=\pm\sqrt{ab}$

x が整数となるには，ab が平方数になる必要がある。36以下の平方数は，

1, 4, 9, 16, 25, 36

で，a, b が右図の8通りの場合である。

よって，求める確率は，

$$\frac{8}{36}=\frac{2}{9}$$

小\大	1	2	3	4	5	6
1	1	2	3	4	5	6
2	2	4	6	8	10	12
3	3	6	9	12	15	18
4	4	8	12	16	20	24
5	5	10	15	20	25	30
6	6	12	18	24	30	36

（積が平方数になる目の出方）

4

$$(1)\ \ \frac{1}{5} \qquad (2)\ \ \frac{8}{25}$$

解説

取り出した玉を箱にもどすから，一度目も二度目も，それぞれ5通りずつだから，取り出し方は，全部で$5\times5=25（通り）$

(1) 「点Pが$y=x$上にある」⇔「取り出した玉の数字が同じ」だから，

5通り。

$$確率=\frac{5}{25}=\frac{1}{5}$$

(2) 「OからPまでの距離が$\sqrt{5}$」⇔「縦と横の長さが1と2（または2と1）の長方

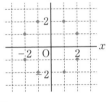

形」だから，左下の図の8通りとなる。

$$確率=\frac{8}{25}$$

5

$$\frac{1}{2}$$

解説

Aから4通り，Bから4通りの選び方があるので，全部で$4\times4=16（通り）$

$\dfrac{b}{a}$ が自然数になるのは，

b	5	6		7	8	
a	1	1	2 3	1	1	2 4

上の8通りだから，確率$=\dfrac{8}{16}=\dfrac{1}{2}$

6

(1) 20通り　　(2) $\dfrac{3}{10}$

(3) ① $M-N=10b+a-(10a+b)$
　　　　　$=9(b-a)$

と表される。$b-a$は整数なので，
$M-N$は9の倍数になる。

② $\dfrac{1}{10}$

解説

(1) Aから5通り，Bから4通りの選び方があるので，全部で$5\times4=20（通り）$

(2) Nが3の倍数 ⇔ 各位の数の和が3の倍数 より，

a	1	2	3		4	5
b	8	7	6	9	9	7

上の6通りだから，確率$=\dfrac{6}{20}=\dfrac{3}{10}$

(3) ① （解答参照）$M-N$ が $9\times$（整数）で表されることを示す。

② $M-N=9(b-a)=18$ より，$b-a$が2であればよい。$b-a$が2になるのは，

$$(a,\ b)=(4,\ 6),\ (5,\ 7)$$

の2通りだから，求める確率は，

$$\frac{2}{20}=\frac{1}{10}$$

2 資料の整理と標本調査

問題→P.135

1

(1) 14000t **(2)** 1県の値が突出して大きいので，平均が意味をもたない。

解説

(1) 中央値は，順にならべたとき，中央にある値（資料が偶数個の場合は，中央の2つの値の平均値）。小さい順に並べると，

2840, 3420, 6560, <u>14000</u>, 18600, 22300, 224400

資料が7個なので，中央値は4番目の値。

(2) （解答参照） 茨城県の値に注目する。

2

(1) 0.25 **(2)** ① 22.5 ② ウ

解説

(1) 相対度数は，総度数に対する割合である。
中央値を含む階級は5〜10冊の階級より，

$$相対度数 = \frac{ある階級の度数}{総度数} = \frac{10}{40} = 0.25$$

(2) ① 階級値は，階級の両端の値の平均。
$(20 + 25) \div 2 = 22.5$（分）
② $6 \div 30 = 0.2$

3

(1) ① 0.16 ② (ア) 5 (イ) 7
(2) 25回
(3) 学年 1年生，
階級 10分以上15分未満

解説

(1) ① $4 \div 25 = 0.16$
② (ア)+(イ)+3+5+4+1=25より，(ア)+(イ)=12
最頻値のある階級の度数(イ)は7以上である。中央値は下位から数えて13番目だから，12<3+(ア)+5≦13，4<(ア)≦5
(ア)は整数だから，(ア)=5
よって，(イ)=12-(ア)=12-5=7

(2) 最頻値は，最も多く現れる値のこと。
資料より，

値 13 16 19 20 21 23 25 28 29 30 31(回)
人 1 1 1 1 2 2 3 1 1 1 1(人)
よって，最頻値は3人の25回

(3) 1年生は100人なので，中央値は50番目と51番目の値の生徒が含まれる階級の階級値の平均値，2年生は105人なので，53番目の生徒が含まれる階級の階級値になる。
18+31=49(人)だから，1年生の中央値は，次の階級「10分以上15分未満」にある。
20+33=53(人)だから，3年生の中央値は，度数が33人の「5分以上10分未満」の階級にある。
よって，1年生の方が中央値が大きく，その階級は10分以上15分未満である。

4

(1) 75分 **(2)** 93分

解説

(1) 最頻値は度数7人の「60分以上90分未満」の階級の階級値で，75分。

(2)

学習時間(分) 以上　未満	度数(人)	階級値×度数
0 〜 30	1	15
30 〜 60	2	90
60 〜 90	7	525
90 〜 120	6	630
120 〜 150	2	270
150 〜 180	2	330
計	20	1860

上の表より，平均値 $= \dfrac{1860}{20} = 93$（分）

5

(1) イ，エ
(2) 中央値が170cmで，えりかさんの記録は，それより大きいから。

解説

(1) およその傾向がわかればよいものや，全数調査が不可能なものでは，標本調査が行われる。

(2) （解答参照）

6

(1) エ **(2)** 20%

解説

(1) 最頻値は6冊。
中央値は少ない方から数えて10番目と11番目の

生徒の読んだ本の冊数の平均で，

$$(5+5) \div 2 = 5 \text{（冊）}。$$

平均値は，

$$(2 \times 1 + 3 \times 3 + 4 \times 4 + 5 \times 3 + 6 \times 5 + 7 \times 3 + 9 \times 1)$$
$$\div 20 = 102 \div 20 = 5.1 \text{（冊）}$$

以上より，（最頻値）＞（平均値）＞（中央値）

よって，エ。

(2) 7冊以上の生徒は，$3 + 1 = 4$（人）。全体が20人だから，　$4 \div 20 \times 100 = 20$（％）

7

(1) およそ200個

(2) およそ1250個

(3) 最初に100個の黒豆を交ぜたときの，緑色と黒色の豆の個数の比と，3回の平均で出した緑色と黒色の豆の個数の比は同じであると推定される。よって，最初の緑色の豆の数をx個として，

$$x : 100 = 27 : 3$$
$$x = 900$$

よって，袋の中の緑色の豆の数は，およそ900個。

解説

(1) あるものの標本中での割合と，母集団の中での割合がほぼ等しいと考えて，計算をする方法である。比で表しても同じ。

$$\frac{\text{袋の中のオレンジ}}{\text{袋の中のキャップの数}}$$

$$= \frac{\text{標本中のオレンジ}}{\text{標本中のキャップの数}}$$

と考え，袋の中の白色のキャップをx個とし，

$$\frac{50}{x+50} = \frac{6}{30}, \quad 6(x+50) = 1500,$$

$$6x = 1200, \quad x = 200 \text{（個）}$$

(2) （袋の中の種）：（袋の中の印のある種）
= （標本の種）：（標本の印のある種）

より，初めの袋の中の種をx個とすると，

$$x : 150 = 100 : 12$$
$$x = 150 \times 100 \div 12 = 1250 \text{（個）}$$

(3) （解答参照）

問題→P.140

1

(1) 75300000

(2) 8

(3) 109°

(4) $2\sqrt{97}$ cm

(5) 右図

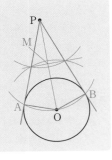

（解答にMは不要）

解説

(1) $8765^2 - 1235^2$
$= (8765 + 1235)(8765 - 1235)$
$= 10000 \times 7530 = 75300000$

(2) $a = 4 - \sqrt{3}$を変形して，

$$a - 4 = -\sqrt{3}$$

両辺を2乗すると，

$$a^2 - 8a + 16 = 3$$
$$a^2 - 8a + 13 = 0$$

よって，

$$a^2 - 8a + 21 = a^2 - 8a + 13 + 8 = 0 + 8 = 8$$

(3) $\angle ACB = x°$とおくと，大きい方の角$\angle AOB$は大きい方の$\overset{\frown}{AB}$に対する中心角で，$2x°$。$\overset{\frown}{ACB}$に対する中心角は，$360° - 2x°$になる。

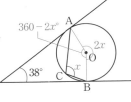

円の半径と接線は直角に交わるから，

$$\angle PAO = \angle PBO = 90°$$

四角形APBOの内角の和は360°だから，

$$(360° - 2x°) + 38° + 90° \times 2 = 360°$$
$$x = 109$$

(4) 空間図形の面上を通る最短経路は，展開図（一部）の線分の長さで表される。下図のAE'の長さが求める長さとなる。

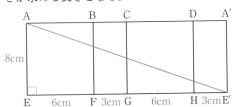

$$AE' = \sqrt{8^2 + 18^2} = 2\sqrt{16 + 81} = 2\sqrt{97} \quad (cm)$$

(5) （作図の方針）

接線と，接点を通る半径が直交することを利用する。

（作図手順…解答参照）

① O，Pを結び，O，Pを中心にそれぞれ半径の等しい円をかき，2つの交点を結ぶと，OPの中点Mが得られる（線分OPの垂直二等分線の作図）。

② 中点Mを中心に半径OMの円弧をかき，円Oとの2つの交点をA，Bとする（直径OPに対する円周角は90°）。

③ P，A，O，Bを直線で結ぶと四角形PAOBが得られる。

2

> **(1)** $(260 + 10x)(300 - 30x)$円
>
> **(2)** 40円値下げすればよい。

解説

(1) $10x$円値上げすると，定価は$260 + 10x$（円），
300個の1割は30個だから，売れる個数は
$300 - 30x$（個）
　よって，このときの売上は，
$$(260 + 10x)(300 - 30x) \quad 円$$

(2)
$$(260 + 10x)(300 - 30x) - 260 \times 300 = 14400$$
$$(26 + x)(30 - 3x) - 260 \times 3 = 144$$
$$3x^2 + 48x + 144 = 0$$
$$x^2 + 16x + 48 = 0$$
$$(x + 12)(x + 4) = 0$$
$$x = -12, \quad -4$$
値上げの幅は上下50円までだから，$x = -4$
よって，40円値下げすればよい。

3

> **(1)** $a = \dfrac{1}{4}$ 　　**(2)** $y = -x + 3$
>
> **(3)** 20cm^2 　　**(4)** $(0, 8)$

解説

(1) $y = ax^2$は点$B(2, 1)$を通るから，
$$1 = a \times 2^2$$
$$a = \frac{1}{4}$$

(2) 直線ABは
2点$B(2, 1)$，$C(0, 3)$を通るから，傾きは-1で，

切片が3である。よって，直線ABの式は
$$y = -x + 3$$

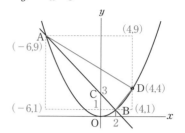

(3) 点Aの座標は，$\dfrac{1}{4}x^2 = -x + 3$
$$x^2 + 4x - 12 = 0, \quad (x + 6)(x - 2) = 0$$
$$x = -6, 2$$
より，$A(-6, 9)$である。
△ABDを囲む長方形を作ると上の図のようになる。
$$\triangle ABD = 8 \times 10 - \frac{1}{2} \times (8 \times 8 + 10 \times 5 + 3 \times 2)$$
$$= 20 \quad (cm^2)$$

(4) 等積変形により，PD∥ABとなる点Pをy軸上にとればよい。

ABの傾きは-1なので，直線PDは傾きは-1で点$D(4, 4)$を通る。よって，直線PDの式は
$$4 = -1 \times 4 + b, \quad b = 8$$
$$y = -x + 8$$
より，点$P(0, 8)$

4

> **(1)** $2 : 3$ 　　**(2)** $1 : 4$ 　　**(3)** 3cm^2
>
> **(4)** 42cm^2

解説

(1) DL∥NM∥EFとなる点L，M，Nを辺AC上にとる。

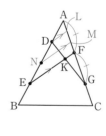

$LF = \dfrac{2}{3}AF = \dfrac{2}{3}FG$だから，

$DK : KG = LF : FG$

$= \dfrac{2}{3}AF : FG$

$= \dfrac{2}{3}FG : FG = 2 : 3$

(2) DG∥FSとなる点Sを辺
AB上にとる。FS∥DGで，
FはAGの中点だから，

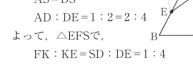

AS＝DS
AD：DE＝1：2＝2：4
よって，△EFSで，
FK：KE＝SD：DE＝1：4

(3) $\triangle AEC = \triangle ABC \times \dfrac{3}{4}$，

$\triangle FEG = \triangle AEC \times \dfrac{1}{3}$

(2)より，FK：KE＝1：4だから，

$\triangle FKG = \triangle FEG \times \dfrac{1}{1+4}$

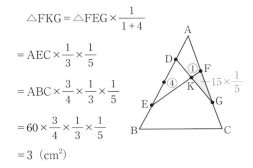

$= AEC \times \dfrac{1}{3} \times \dfrac{1}{5}$

$= ABC \times \dfrac{3}{4} \times \dfrac{1}{3} \times \dfrac{1}{5}$

$= 60 \times \dfrac{3}{4} \times \dfrac{1}{3} \times \dfrac{1}{5}$

$= 3$ （cm²）

(4) 右の図で，

$\triangle EBC = 60 \times \dfrac{1}{4} = 15$ （cm²）

$\triangle ECG = \triangle EGF$

$= \triangle AEC \times \dfrac{1}{3}$

$= (60 - 15) \times \dfrac{1}{3}$

$= 15$ （cm²）

$\triangle EGK = \triangle EGF \times \dfrac{4}{5} = 15 \times \dfrac{4}{5} = 12$ （cm²）

よって，

五角形EBCGK ＝ △EBC ＋ △ECG ＋ △EGK
　　　　　　　＝ 15 ＋ 15 ＋ 12 ＝ 42 （cm²）

5

(1) ① **90分以上120分未満**

　　② **94.5分**

(2) **およそ540個**

解説
(1) ① 1年生40人だから，中央値は20番目と21

番目の人の平均になる。その2人はともに，
90分以上～120分未満の階級にある。

② 度数分布表での平均値は，

$$\dfrac{(\text{階級値} \times \text{度数})\text{の和}}{\text{総度数}}$$

で求められる。

視聴時間(分) 以上　未満	階級値(分)	度数(人)	階級値×度数
0 ～ 30	15	2	30
30 ～ 60	45	6	270
60 ～ 90	75	10	750
90 ～ 120	105	12	1260
120 ～ 150	135	6	810
150 ～ 180	165	4	660
		40	3780

上の表より，

$$\dfrac{(\text{階級値} \times \text{度数})\text{の和}}{\text{総度数}} = \dfrac{3780}{40} = 94.5 \text{（分）}$$

(2) 四つ葉のクローバーは平均して散らばってい
ると考えて，30m²に36個の割合で分布してい
るから，450m²中にx個あるとして

30：36＝450：x

$x = 450 \times 36 \div 30 = 540$ （個）

6

(1) **12cm**　　(2) **54cm³**

(3) **81cm³**　　(4) **39cm²**

(5) $\dfrac{81}{13}$ **cm**

解説
(1) 右の図のようにCH＝$x$cm
とおくと，DH＝9－x （cm）。
△BCH，△BDHは直角
三角形だから，三平方の
定理により，

$13^2 - x^2$

$= (4\sqrt{10})^2 - (9-x)^2$

$169 - x^2 = 160 - 81 + 18x - x^2$

$x = 5$

よって，BH＝$\sqrt{13^2 - 5^2} = \sqrt{144} = 12$ （cm）

(2) 三角錐ABCDの体積は，(1)より，

$\dfrac{1}{3} \times \dfrac{1}{2} \times 9 \times 12 \times 12 = 216$ （cm³）

三角錐RBCDの体積は，AR：DR＝3：1より，

高さが三角錐ABCDの$\dfrac{1}{3+1}$だから,

$$三角錐RBCD = 216 \times \dfrac{1}{3+1} = 54 \ (\text{cm}^3)$$

(3) (2)より,

$$三角錐ABCR = 216 \times \left(1 - \dfrac{1}{4}\right) = 162 \ (\text{cm}^3)$$

三角錐ABCRは,AM = BMより,△MRCによって2等分されるから,

$$三角錐AMCR$$

$$= 三角錐ABCR \times \dfrac{1}{2} = 162 \times \dfrac{1}{2} = 81 \ (\text{cm}^3)$$

(4) △MBCはMB = 6cm,BC = 13cm,∠MBC = 90°より,

$$\triangle MBC = \dfrac{1}{2} \times 6 \times 13 = 39 \ (\text{cm}^2)$$

(5) 三角錐RMBCの底面を△MBCと見ると,三角錐RMBCの体積は81cm³より,高さを$h$cmとして,

$$\dfrac{1}{3} \times 39 \times h = 81, \quad h = \dfrac{81}{13} \ (\text{cm})$$

7

	(1) 42通り	(2) $\dfrac{20}{21}$

解説

(1) 部長の選び方は,男女7人の中から1人選ぶので7通り。そのそれぞれの場合について,副部長の選び方は,残りの男女6人の中から1人選ぶので6通りである。よって,部長と副部長の選び方は,7 × 6 = 42(通り)

女5人　男2人
| ABCDE | FG |

(2) 「部長か副部長の少なくともどちらかが女子」の余事象は「部長と副部長の両方が男子」である。「部長と副部長の両方が男子」なのは,

部長…F,副部長…Gの場合,

部長…G,副部長…Fの場合

の2通りだから,「部長か副部長の少なくともどちらかが女子」の確率は,

$$1 - \dfrac{2}{42} = 1 - \dfrac{1}{21} = \dfrac{20}{21}$$

MEMO

KADOKAWA